# 小学 5 年生

# 理科に

# ぐーんと強くなる

学習指導要領対応

KUMON

# 目次

【写真，資料提供】（順不同，敬称略）気象庁／ウェザーマップ／PIXTA／コーベット・フォトエージェンシー

答え➡別冊解答1ページ

# 1 3・4年生の復習問題①

得点
/100点

**1** **下の㋐～㋗が，電気を通したり，磁石についたりするかを調べました。（空きかんは，表面にぬってあるものを，紙やすりではがして調べました。）これについて，次の問題に答えましょう。**（1つ8点）

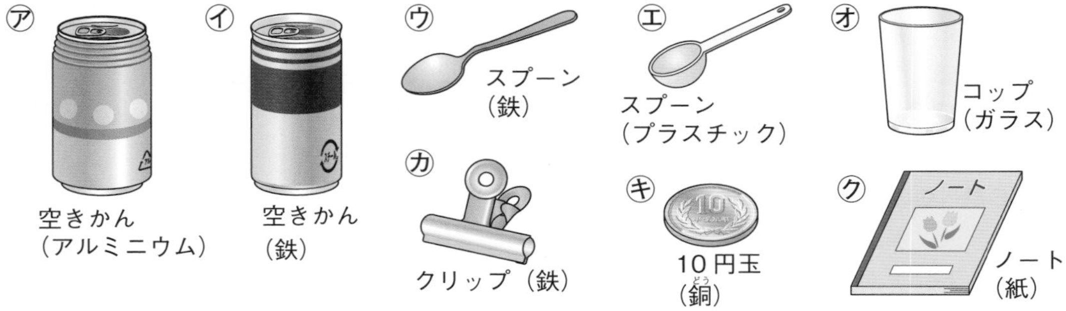
㋐
空きかん
（アルミニウム）
㋑
空きかん
（鉄）
㋒
スプーン
（鉄）
㋓
スプーン
（プラスチック）
㋔
コップ
（ガラス）
㋕
クリップ（鉄）
㋖
10円玉
（銅）
㋗
ノート
ノート
（紙）

(1) ㋐～㋗のうち，電気を通すものはどれですか。すべて選びましょう。

（　　　　　　　　　　）

(2) ㋐～㋗のうち，磁石につくのはどれですか。すべて選びましょう。

（　　　　　　　　　　）

(3) 磁石につくかどうかを調べるとき，磁石をビニルのふくろに入れても調べられますか，調べられませんか。

（　　　　　　）

**2** **右の図は，オクラのからだのつくりを表したものです。これについて，次の問題に答えましょう。**（1つ6点）

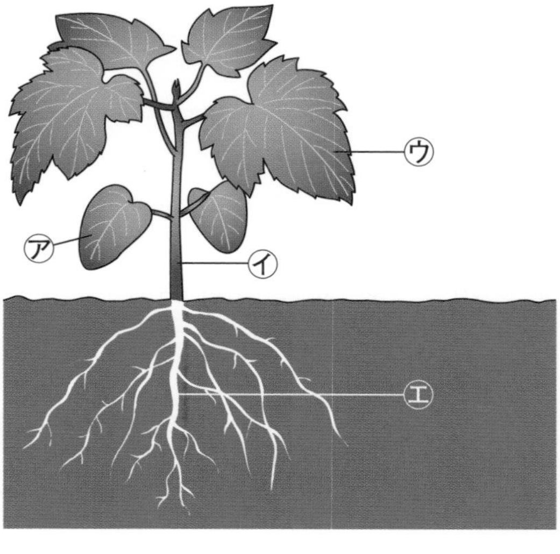
㋐
㋑
㋒
㋓

(1) 図の㋐は，芽が出てはじめに開いたものです。その名前を書きましょう。

（　　　　　　）

(2) 植物のからだをつくっている3つの部分㋑，㋒，㋓の名前を書きましょう。

㋑（　　　　　　）
㋒（　　　　　　）
㋓（　　　　　　）

**3** 下の図は，モンシロチョウとシオカラトンボの育ち方を表したものです。これについて，次の問題に答えましょう。 （1つ7点）

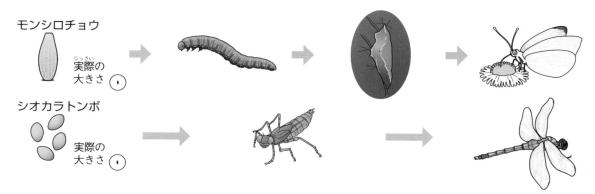

モンシロチョウ
実際の大きさ・

シオカラトンボ
実際の大きさ・

(1) モンシロチョウのたまごは，どこでよく見られますか。次の㋐〜㋑から選びましょう。 （　　　）

　㋐　カラタチの葉のうら　　　㋑　ミカンの葉のうら

　㋒　クワの葉のうら　　　　　㋓　キャベツの葉のうら

(2) (1)のところにモンシロチョウのたまごがよく見られるのはどうしてですか。次の㋐〜㋒から選びましょう。 （　　　）

　㋐　成虫のえさになるから。　　㋑　さなぎのえさになるから。

　㋒　よう虫のえさになるから。

(3) モンシロチョウのように，さなぎになってから成虫になることを何といいますか。

（　　　　　　　）

(4) シオカラトンボのように，さなぎにならないで成虫になることを何といいますか。

（　　　　　　　）

**4** 右の図は，何まいかの鏡で光を1つのところに集めたようすを表したものです。これについて，次の問題に答えましょう。 （1つ8点）

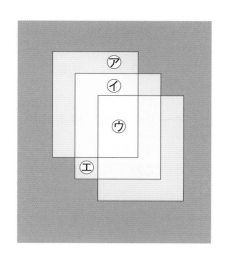

(1) 右の図は，何まいの鏡で光を集めていますか。

（　　　　　　　）

(2) 図の㋐〜㋓のうち，いちばん明るいのはどこですか。 （　　　　　）

(3) 図の㋐〜㋓のうち，いちばんあたたかくなるのはどこですか。すべて同じときは，「同じ」と書きましょう。 （　　　　　）

# 2 3・4年生の復習問題②

**1** 気温と植物や動物のようすについて，次の問題に答えましょう。

（1つ5点）

(1) 植物がよく成長するのは，気温が高い季節と低い季節のどちらですか。

（　　　　　　　）

(2) 動物の活動がにぶくなるのは，気温が高い季節と低い季節のどちらですか。

（　　　　　　　）

**2** 右の図は，ある日の月の動きを表したものです。これについて，次の問題に答えましょう。（1つ5点）

(1) 図のような月の形を何といいますか。

（　　　　　　　）

(2) 図のあのところに月が見えるのは，夕方，真夜中，明け方のうちのいつですか。（　　　　　）

(3) 図の㋐〜㋒のうち，西はどれですか。（　　　）

**3** かん電池と豆電球，検流計などをつないで，下の㋐〜㋓の回路をつくりました。これについて，次の問題に答えましょう。

（1つ5点）

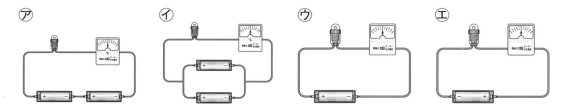

(1) ㋐〜㋓のうち，豆電球の明るさがほかのものよりも明るいのはどれですか。

（　　　　　）

(2) ㋐〜㋓のうち，検流計のふれ方がほかのものよりも大きいのはどれですか。

（　　　　　）

(3) ㋐〜㋓のうち，検流計のはりのふれる向きが，ほかのものと反対なのはどれですか。

（　　　　　）

(4) ㋐，㋑のかん電池のつなぎ方を，それぞれ何といいますか。

㋐（　　　　　　　）　㋑（　　　　　　　）

**4** **右の図のように，注しゃ器に水や空気を入れてピストンをおしました。これについて，次の問題に答えましょう。**

（1つ5点）

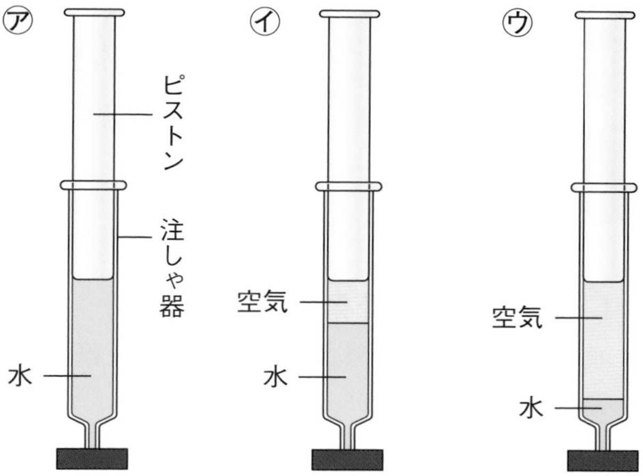


(1) 図の㋐〜㋒のうち，ピストンをいちばん大きくおし下げることができるのは，どれですか。（　　）

(2) 図の㋐〜㋒のうち，ピストンをおし下げることができないのはどれですか。（　　）

**5** **水，空気，金属を熱したときの体積の変わり方を比べました。これについて，次の問題に答えましょう。**

（1つ6点）

(1) 水，空気，金属を熱すると，体積は大きくなりますか，小さくなりますか。

（　　　　　）

(2) 水，空気，金属を熱したとき，体積の変わり方がいちばん大きいものから順に書きましょう。（　　　　→　　　　→　　　　）

**6** **右の図は，水を実験用ガスこんろで熱したときのようすを表したものです。これについて，次の問題に答えましょう。**（1つ6点）

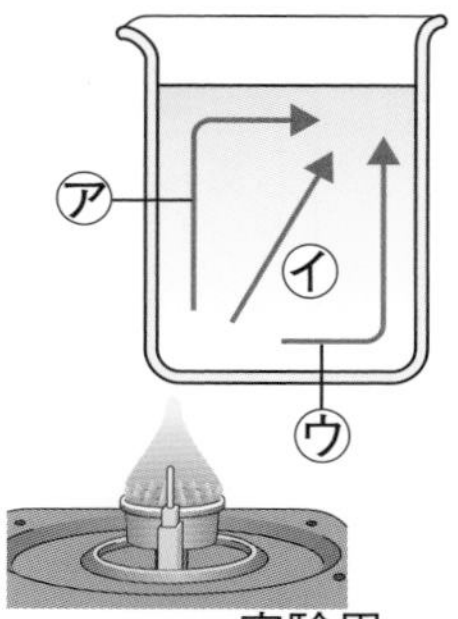

実験用ガスこんろ

(1) 熱せられた水は，どのように動きますか。図の㋐〜㋒から選びましょう。（　　）

(2) 空気や金属を熱したときのあたたまり方は，水のあたたまり方と同じですか，ちがいますか。

空気（　　　　）

金属（　　　　）

**7** **右の図は，水がすがたを変えることを表したものです。これについて，次の問題に答えましょう。**（1つ5点）

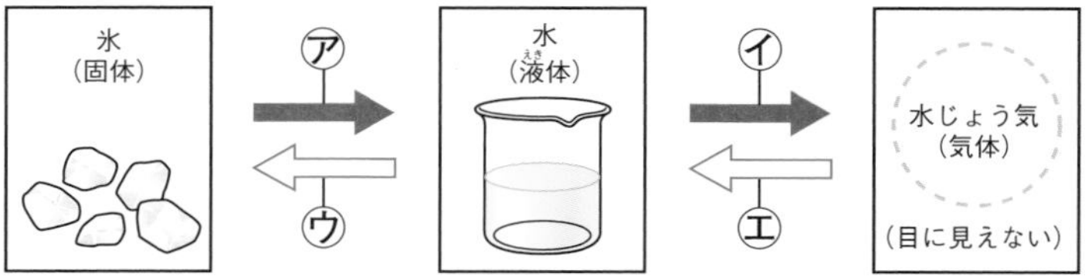


(1) 図の㋐〜㋓の矢印のうち，あたためることを表しているものをすべて選びましょう。（　　　　）

(2) 水が氷になるときや，氷が水になるときの温度は何℃ですか。（　　　　）

答え➡別冊解答2ページ

得点

/100点

# 3 種子が発芽する条件①

覚えよう

### 種子が発芽する条件

種子が発芽するためには，「水」「空気」「適当な温度」が必要。

**発芽**…種子から芽が出ることを発芽という。

### 種子が発芽する条件を調べる実験

条件を1つずつ変えて，種子が発芽するために何が必要なのか調べる。

**条件の変え方** 調べる条件以外の条件は同じにする。

(例)温度との関係を調べる実験で箱をかぶせるのは，冷ぞう庫の中と，
明るさの条件を同じにするため。

| 調べる条件 | 発芽に**水は必要**かどうか。 | | 発芽に**空気は必要**かどうか。 | | 発芽に**適当な温度は必要**かどうか。 | |
|---|---|---|---|---|---|---|
| 比べるもの | 水がある。 | 水がない。 | 空気がある。(空気にふれさせる) | 空気がない。(水にしずめる) | 室内の温度(20℃くらい) | 冷ぞう庫の温度(5℃くらい) |
| | インゲンマメ<br>しめらせた<br>だっし綿 | かわいた<br>だっし綿 | しめらせた<br>だっし綿 | 水<br>だっし綿 | 箱<br>しめらせた<br>だっし綿 | しめらせた<br>だっし綿 |
| 結果 | 発芽する。 | 発芽しない。 | 発芽する。 | 発芽しない。 | 発芽する。 | 発芽しない。 |
| わかること | 発芽するためには，水が必要。 | | 発芽するためには，空気が必要。 | | 発芽するためには，適当な温度が必要。 | |

**1** 次の文は，種子が発芽する条件について書いたものです。( )にあてはまることばを，
　　　　 から選んで書きましょう。　　　　　　　　　　　　　　　　(1つ9点)

(1) 発芽とは，種子から( )が出ること。

(2) 植物の種子が発芽するためには，( )，( )，
( )の3つの条件が必要。

空気　　明るさ　　水　　暗さ　　適当な温度　　葉　　芽

## 2

**水や空気が発芽に関係しているかどうかを調べる実験をしました。下の表の（　）にあてはまることばを，▢から選んで書きましょう。同じことばを，くり返し使ってもかまいません。**

（１つ４点）

| | | | | |
|---|---|---|---|---|
| 比べるもの | 水がある。<br>インゲンマメ<br>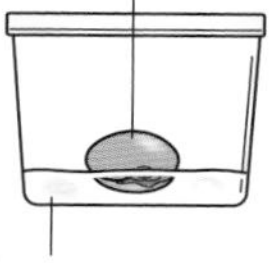<br>③（　　　　）<br>だっし綿 | 水がない。<br>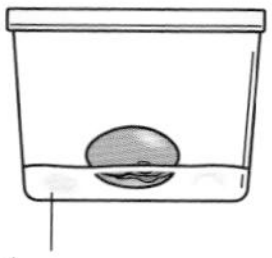<br>④（　　　　）<br>だっし綿 | 空気が①（　　）。<br>空気にふれさせる。<br>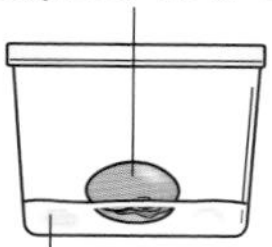<br>しめらせた<br>だっし綿 | 空気が②（　　）。<br>水にしずめる。<br>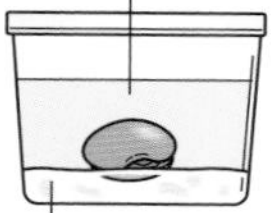<br>だっし綿 |
| 結果 | 発芽⑤（　　）。 | 発芽⑥（　　）。 | 発芽⑦（　　）。 | 発芽⑧（　　）。 |
| わかること | 発芽するためには，<br>⑨（　　　　）が必要。 | | 発芽するためには，<br>⑩（　　　　）が必要。 | |

ある　　ない　　かわいた　　しめらせた　　する　　しない　　空気　　水

## 3

**右の図は，発芽するためには適当な温度が必要であることを調べた実験のようすを表したものです。これについて，次の問題に答えましょう。**

（１つ８点）

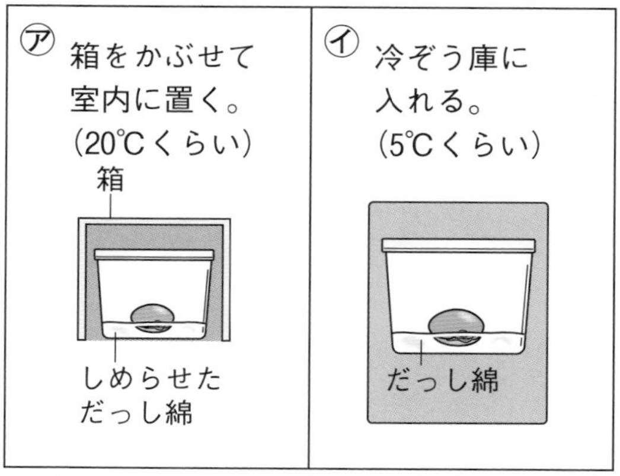
㋐ 箱をかぶせて室内に置く。（20℃くらい）
箱
しめらせた だっし綿
㋑ 冷ぞう庫に入れる。（5℃くらい）
だっし綿

(1)　２つのうち，１つだけ発芽しました。発芽したのは㋐，㋑のどちらですか。

（　　　）

(2)　どちらも，温度以外の水や空気などの条件は同じにします。㋑のだっし綿は，しめらせただっし綿ですか，かわいただっし綿ですか。

（　　　　　　　　　　）

(3)　冷ぞう庫に入れない種子に箱をかぶせるのはどうしてですか。次の㋐～㋓から選びましょう。

（　　　）

㋐　水の条件を同じにするため。　　㋑　水の条件を変えるため。

㋒　明るさの条件を同じにするため。　　㋓　明るさの条件を変えるため。

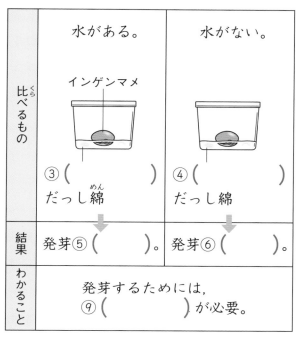

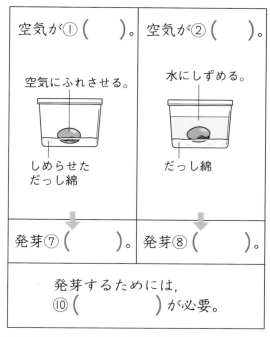

答え➡別冊解答2ページ

得点

/100点

# 4 種子が発芽する条件②

**1** 種子が発芽する条件について調べる実験をしました。これについて，次の問題に答えましょう。 （1つ5点）

(1) インゲンマメの種子を，かわいただっし綿と，しめらせただっし綿にまきました。

① 種子が発芽したのは，かわいただっし綿としめらせただっし綿のどちらですか。
（　　　　　　）

② この2つを比べると，種子が発芽するためには，何が必要だとわかりますか。
（　　　　　　）

③ この実験の結果から，種子をまいた後に，何をやらなければならないことがわかりますか。次の㋐〜㋒から選びましょう。 （　　　）

㋐ 水をやる。　　㋑ 肥料をやる。　　㋒ 日光をさえぎる。

(2) インゲンマメの種子を，1つは水にしずめ，1つは空気にふれるようにして，しめらせただっし綿にまきました。

① 種子が発芽したのは，水にしずめた種子と，空気にふれるようにした種子のどちらですか。 （　　　　　　）

② 次の文の（　）にあてはまることばを書きましょう。
[ 種子を水にしずめたのは，種子が（　　　　　　）にふれないようにするため。 ]

③ この2つを比べると，植物が発芽するためには，何が必要だとわかりますか。
（　　　　　　）

(3) インゲンマメの種子をしめらせただっし綿にまいたものを，1つは冷ぞう庫に入れ，1つは箱をかぶせて室内に置いておきました。

① 種子が発芽したのは，冷ぞう庫に入れたものと，室内に置いたもののどちらですか。 （　　　　　　）

② この2つを比べると，植物が発芽するためには，何が必要だとわかりますか。
（　　　　　　）

③ 次の文の（　）にあてはまることばを書きましょう。
[ 室内に置くものに箱をかぶせたのは，冷ぞう庫に入れたものと，明るさの条件を（　　　　　　）にするため。 ]

④ 実験の結果から考えて，気温が低い冬に，種子は発芽できますか，できませんか。 （　　　　　　）

**2** **植物の種子が発芽するためには何が必要なのかを調べるために，右の図の㋐～㋔のように，条件を変えてインゲンマメの種子をまきました。これについて，次の問題に答えましょう。**（１つ５点）

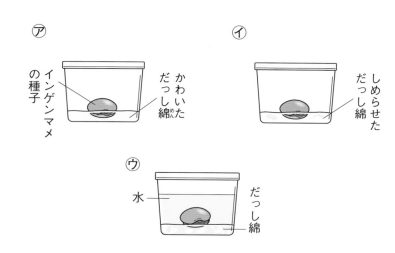

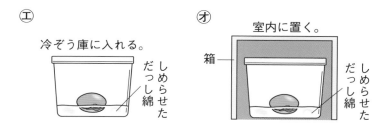

(1) 種子が発芽するために，水は必要かどうかを調べるには，㋐～㋔のうちの，どれとどれを比べればよいですか。

（　　　　　　　）

(2) 種子が発芽するために，空気は必要かどうかを調べるには，㋐～㋔のうちの，どれとどれを比べればよいですか。

（　　　　　　　）

(3) 種子が発芽するために，適当（てきとう）な温度は必要かどうかを調べるには，㋐～㋔のうちの，どれとどれを比べればよいですか。

（　　　　　　　）

**3** **植物の種子が発芽するための条件を調べる実験について，次の問題に答えましょう。**

（１つ10点）

(1) 種子を冷ぞう庫に入れたときと室内に置いたときとのちがいを調べるとき，室内に置いた種子に箱をかぶせるのはどうしてですか。

（　　　　　　　）

(2) 関係している条件がいくつかあるとき，調べる条件以外の条件はどうしますか。

（　　　　　　　）

**4** **外の土に種をまき，毎日水をやりましたが，冬の間に発芽せず，春になってから発芽しました。冬の間に発芽しなかったのはどうしてですか。**（15点）

（　　　　　　　）

答え➡別冊解答2ページ

# 5

## 植物の発芽と養分①

得点

/100点

覚えよう

### 種子のつくり

種子には，根・くき・葉になるところと，でんぷんがふくまれているところがある。

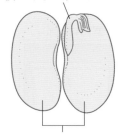

根・くき・葉になるところ

でんぷんがふくまれているところ（子葉）

### でんぷんの調べ方

でんぷんにヨウ素液をつけると，青むらさき色になる。

### 種子の発芽と養分

植物が発芽するときは，種子の中のでんぷんを養分として使う。

**発芽してしばらくたったインゲンマメ**

種子だったところ（子葉）→小さくなってしおれている。

**発芽してしばらくたったトウモロコシ**

種子だったところ→小さくなっている。

発芽する前の種子

発芽する前の種子

ヨウ素液をつける

| 青むらさき色になる。 | 青むらさき色にならない。 | 青むらさき色になる。 | 青むらさき色にならない。 |

でんぷんが…　　ある　　ない　　ある　　ない

発芽の養分として使われた。

---

**1** 右の図は，インゲンマメの種子のつくりを表したものです。□にあてはまることばを，▨から選んで書きましょう。 （1つ10点）

でんぷんがふくまれているところ
根・くき・葉になるところ

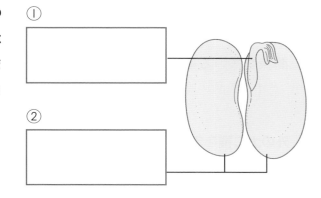

①

②

**2** 右の図は，発芽する前と発芽した後のインゲンマメとトウモロコシの種子に，でんぷんがあるかどうかを，ヨウ素液で調べた結果です。図の①～④の種子や種子だったところに，でんぷんはありますか，ありませんか。それぞれ書きましょう。

（1つ8点）

① (　　　　　　　　　)

② (　　　　　　　　　)

③ (　　　　　　　　　)

④ (　　　　　　　　　)

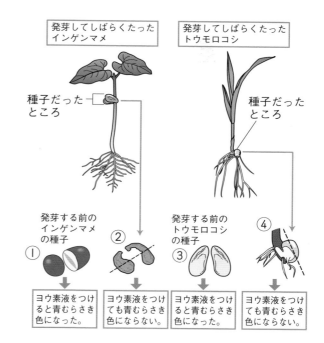

発芽してしばらくたったインゲンマメ

種子だったところ

発芽してしばらくたったトウモロコシ

種子だったところ

発芽する前のインゲンマメの種子

①

②

発芽する前のトウモロコシの種子

③

④

ヨウ素液をつけると青むらさき色になった。

ヨウ素液をつけても青むらさき色にならない。

ヨウ素液をつけると青むらさき色になった。

ヨウ素液をつけても青むらさき色にならない。

**3** 次の文は，インゲンマメの種子や，種子の養分について書いたものです。（　）にあてはまることばを，　　から選んで書きましょう。

（1つ8点）

(1) インゲンマメの種子には，根・くき・葉になるところと (　　　　　　　　　) がふくまれているところがある。

(2) 植物が (　　　　　　　　　) ときは，種子の中のでんぷんが養分として使われる。

| 発芽する　　花がさく |
| でんぷん |

**4** 次の文の（　）にあてはまることばを，　　から選んで書きましょう。

（1つ8点）

(1) でんぷんにヨウ素液をつけると，(　　　　　　　　　) 色になる。

(2) ヨウ素液を使うと，(　　　　　　　　　) がふくまれているかどうかを，調べることができる。

(3) 発芽する前の種子を切ってヨウ素液をつけると，青むらさき色になる。このことから，発芽する前の種子には，でんぷんが (　　　　　　　) ことがわかる。

(4) 発芽してしばらくたってから，種子だったところを切ってヨウ素液をつけると，青むらさき色にならない。このことから，発芽してしばらくたってからの種子だったところには，でんぷんが (　　　　　　　) ことがわかる。

| ある　　ない　　でんぷん　　水　　青むらさき　　赤 |

答え➡別冊解答2ページ

# 6 植物の発芽と養分②

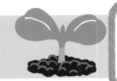

得点

/100点

**1** **右の図は，インゲンマメの種子のつくりを表したものです。これについて，次の問題に答えましょう。**　（１つ８点）

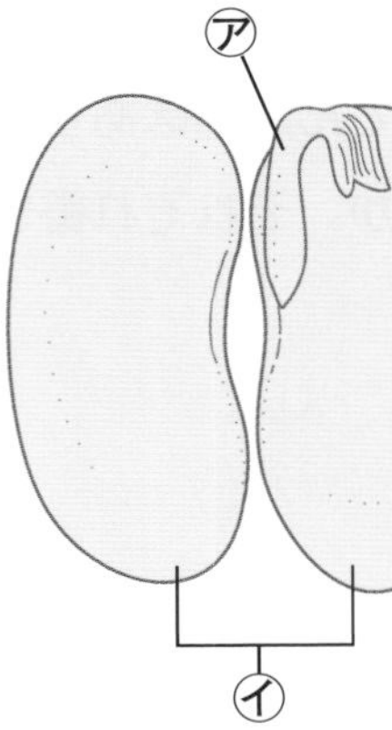


(1)　発芽した後，根・くき・葉になるところはどこですか。図の㋐，㋑から選びましょう。　（　　）

(2)　発芽のときに使う養分を多くふくんでいるのはどこですか。図の㋐，㋑から選びましょう。　（　　）

(3)　㋑の部分を何といいますか。
（　　　　）

(4)　インゲンマメの種子をヨウ素液につけると，㋑の部分が青むらさき色になりました。このことから，㋑の部分には，何があることがわかりますか。
（　　　　）

**2** **右の図は，発芽してしばらくたったインゲンマメのようすを表したものです。これについて，次の問題に答えましょう。**　（１つ７点）

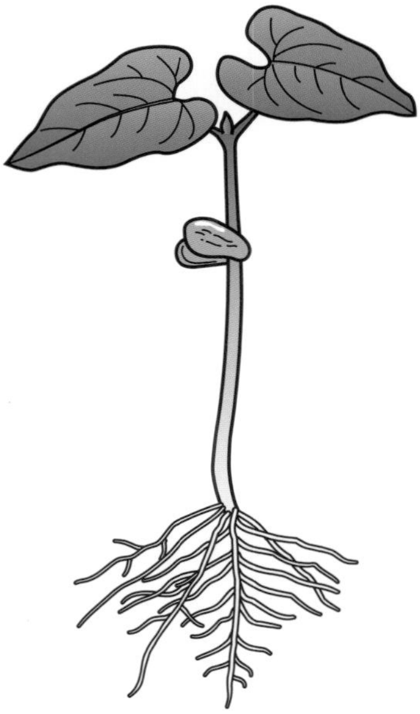

(1)　種子だったところのようすは，発芽する前と比べてどうなっていますか。次の㋐～㋒から選びましょう。　（　　）

㋐　発芽する前よりも，ふっくらと大きくなっている。

㋑　発芽する前よりも，小さくなって，しおれている。

㋒　発芽する前と変わらない。

(2)　種子だったところが，(1)のようになったのはどうしてですか。次の㋐～㋒から選びましょう。
（　　）

㋐　発芽した後にできた養分がたまったから。

㋑　発芽するために養分が使われたから。

㋒　発芽するときに養分は必要ないから。

**3** インゲンマメとトウモロコシの, 発芽する前の種子と, 発芽してしばらくたったころの種子だったところを切って, ヨウ素液をつけました。これについて, 次の問題に答えましょう。 (1つ6点)

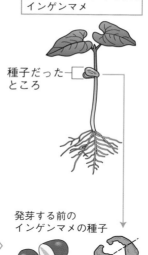
発芽してしばらくたった
インゲンマメ
種子だったところ

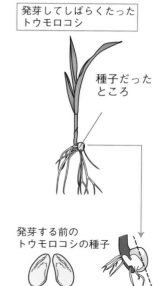
発芽してしばらくたった
トウモロコシ
種子だったところ

ヨウ素液をつける

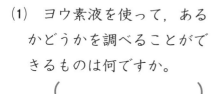
発芽する前の
インゲンマメの種子

発芽する前の
トウモロコシの種子

(1) ヨウ素液を使って, あるかどうかを調べることができるものは何ですか。

(　　　　　　　)

(2) (1)のものがあるとき, ヨウ素液をつけると何色になりますか。 (　　　　　　　)

(3) インゲンマメとトウモロコシの, 発芽する前の種子と, 発芽してしばらくたったころの種子だったところを切ってヨウ素液をつけると, 色はどうなりますか。「変わらない。」か「(2)の色になる。」のどちらかで答えましょう。

発芽する前のインゲンマメ (　　　　　　　)

発芽してしばらくたったころのインゲンマメ (　　　　　　　)

発芽する前のトウモロコシ (　　　　　　　)

発芽してしばらくたったころのトウモロコシ (　　　　　　　)

(4) (3)のことから, 発芽する前に種子にあった養分は, 発芽してしばらくたったころには, どうなっていることがわかりますか。次の⑦～⑦から選びましょう。

(　　　)

⑦ 発芽する前よりも増えていた。

⑦ 発芽する前よりも減ったり, なくなったりしていた。

⑦ 発芽する前と変わっていなかった。

(5) 発芽する前の種子にあった養分が, (4)で答えたようになったのはどうしてですか。書きましょう。

(　　　　　　　　　　　　　　　　　　　　)

(6) この実験から考えて, 植物の種子を発芽させるとき, 肥料はいりますか, いりませんか。

(　　　　　　　)

答え➡ 別冊解答3ページ

7

# 植物の成長と日光・養分①

得点

/100点

覚えよう

## 植物が育つための条件
植物がよく育つためには，日光と肥料が必要。

### 日光と植物の成長との関係を調べる

| 比べる条件 | 日光に当てる。 | 日光に当てない。 |
|---|---|---|
| そろえる条件 | 肥料を入れた水をあたえる。 | |
| 実験後のようす | | 箱 |
| 結果 葉の色 | こい緑色 | うすい緑色や黄色 |
| 結果 葉の数 | 多い。 | 少ない。 |
| 結果 くき | よくのび，しっかりしている。 | 細くて，ひょろひょろとのびている。 |
| わかること | 植物がよく育つためには日光が必要。 | |

### 肥料と植物の成長との関係を調べる

| 比べる条件 | 肥料を入れた水をあたえる。 | 水だけをあたえる。 |
|---|---|---|
| そろえる条件 | 日光に当てる。 | |
| 実験後のようす | | |
| 結果 葉の色 | こい緑色 | こい緑色やうすい緑色 |
| 結果 葉の数 | 多い。 | 少ない。 |
| 結果 くき | よくのび，しっかりしている。 | あまりのびていない。 |
| わかること | 植物がよく育つためには肥料が必要。 | |

1 次の文は，植物が育つための条件について書いたものです。（　）にあてはまることばを書きましょう。　（1つ8点）

肥料をあたえ日光を当てたもの。

肥料をあたえ日光を当てないもの。

箱

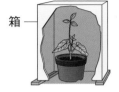

肥料をあたえずに日光を当てたもの。

(1)　植物に日光を当てたものと当てないものとでは，日光を（　　　　　　　）がよく育つ。

(2)　植物に肥料をあたえたものとあたえないものとでは，肥料を（　　　　　　　　　）がよく育つ。

**2** 右の図は，日光と植物の成長との関係について調べたものです。（　）にあてはまることばを，▢から選んで書きましょう。

（1つ7点）

| こい緑色　　　うすい緑色 |
| 少ない。　　　多い。 |
| よくのび，しっかりしている。 |
| 細くて，ひょろひょろとのびている。 |
| 日光　　　暗さ |

| 比べる<br>条件 | 日光に当てる。 | 日光に当てない。 |
|---|---|---|
| そろえる<br>条件 | 肥料を入れた水をあたえる。 | |
| 実験後の<br>ようす | | 箱— |
| 結果 | 葉の色 ①（　　　） | うすい緑色<br>や黄色 |
| | 葉の数 ②（　　　） | ③（　　　） |
| | くき ④（　　　） | ⑤（　　　） |
| わかる<br>こと | 植物がよく育つためには<br>⑥（　　　）が必要。 | |

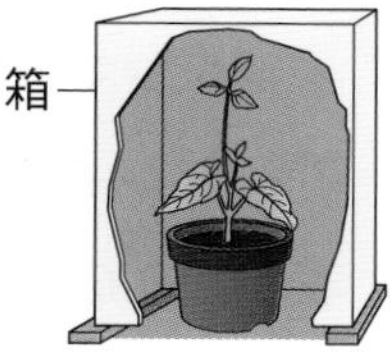

**3** 右の図は，肥料と植物の成長との関係について調べたものです。（　）にあてはまることばを，▢から選んで書きましょう。

（1つ7点）

| こい緑色　　　うすい緑色 |
| 少ない。　　　多い。 |
| よくのび，しっかりしている。 |
| あまりのびていない。 |
| 肥料　　　水だけ |

| 比べる<br>条件 | 肥料を入れた水<br>をあたえる。 | 水だけをあたえ<br>る。 |
|---|---|---|
| そろえる<br>条件 | 日光に当てる。 | |
| 実験後の<br>ようす |  |  |
| 結果 | 葉の色 ①（　　　） | こい緑色や<br>うすい緑色 |
| | 葉の数 ②（　　　） | ③（　　　） |
| | くき ④（　　　） | ⑤（　　　） |
| わかる<br>こと | 植物がよく育つためには<br>⑥（　　　）が必要。 | |

答え➡別冊解答3ページ

得点

/100点

# 8　植物の成長と日光・養分②

**①**　右の図は，日光に当てて育てるインゲンマメと，日光に当てないで育てるインゲンマメのようすを表したものです。これらのインゲンマメには，両方とも肥料を入れた水をあたえました。これについて，次の問題に答えましょう。

（1つ5点）

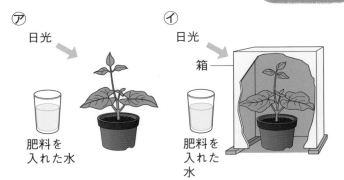

(1)　図の2つのインゲンマメの育ち方のちがいを比べると，植物の成長と，何との関係を調べることができますか。　　（　　　　　　　）

(2)　図の2つのインゲンマメを1〜2週間後に比べたとき，育ちが悪かったのは，㋐，㋑のどちらですか。　　　　（　　　　）

(3)　(2)で，育ちが悪かったのはどうしてですか。

（　　　　　　　　　　　　　　　　　）

**②**　右の図は，肥料を入れた水をあたえて育てるインゲンマメと，水だけをあたえて育てるインゲンマメのようすを表したものです。両方とも，日光には当てました。これについて，次の問題に答えましょう。　　（1つ5点）

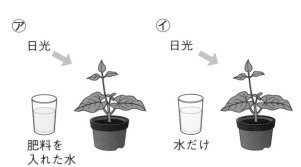

(1)　図の2つのインゲンマメの育ち方のちがいを比べると，植物の成長と，何との関係を調べることができますか。

（　　　　　　　　　　　）

(2)　図の2つのインゲンマメを1〜2週間後に比べたとき，育ちが悪かったのは，㋐，㋑のどちらですか。　　　　（　　　　）

(3)　(2)で，育ちが悪かったのはどうしてですか。

（　　　　　　　　　　　　　　　　　）

**3** 右の表は，植物の成長には何が必要かを調べる実験で，変える条件や変えない条件と，実験の結果を表にまとめたものです。表の①〜⑥に合う条件を，次の⑦〜⊆からそれぞれ選びましょう。同じものを，くり返し使ってもかまいません。 （1つ5点）

⑦　日光に当てる。
⊕　日光に当てない。
⑦　肥料を入れた水をあたえる。
⊆　水だけをあたえる。

日光と植物の成長との関係を調べる

| 変える条件 | 変えない条件 | 結　果 |
|---|---|---|
| ① （　　） | ③ （　　） | 葉はこい緑色で大きく，数も多い。くきはよくのび，しっかりしている。 |
| ② （　　） | | 葉はうすい緑色や黄色で小さく，数は少ない。くきは細くて，ひょろひょろとのびている。 |

肥料と植物の成長との関係を調べる

| 変える条件 | 変えない条件 | 結　果 |
|---|---|---|
| ④ （　　） | ⑥ （　　） | 葉はこい緑色で大きく，数も多い。くきはよくのび，しっかりしている。 |
| ⑤ （　　） | | 葉は緑色だが小さく，数は少ない。くきはあまりのびていない。 |

**4** インゲンマメを，右の図のように，3つの方法で育てました。これについて，次の問題に答えましょう。 （1つ8点）

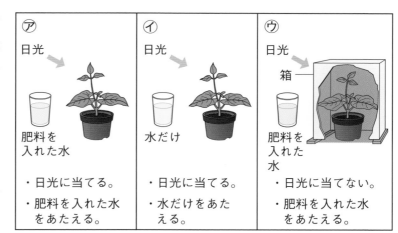

⑦
日光
肥料を入れた水
・日光に当てる。
・肥料を入れた水をあたえる。

⊕
日光
水だけ
・日光に当てる。
・水だけをあたえる。

⑦
日光
箱
肥料を入れた水
・日光に当てない。
・肥料を入れた水をあたえる。

(1) 日光と植物の成長との関係を調べるためには，図の⑦〜⑦のうちの，どれとどれを比べればよいですか。　　　　　　　　　　　　　　（　　　　　　　）

(2) 肥料と植物の成長との関係を調べるためには，図の⑦〜⑦のうちの，どれとどれを比べればよいですか。　　　　　　　　　（　　　　　　　）

(3) 図のインゲンマメをこのまま育てたとき，もっともよく育つのは，⑦〜⑦のどれですか。　　　　　　　　　　　　　　　　　　　　（　　　　）

(4) 図のインゲンマメをこのまま育てたとき，葉がうすい緑色や黄色になってしまい，くきが細くひょろひょろしたものになってしまうのは，⑦〜⑦のどれですか。　　　　　　　　　　　　　　　　　　　　　　　　　（　　　　）

(5) 図のインゲンマメをこのまま育てたとき，葉はこい緑色でも大きさが小さく，数も少なくなってしまい，くきもあまりのびないのは，⑦〜⑦のどれですか。　　　　　　　　　　　　　　　　　　　　　　　　　（　　　　）

答え➡別冊解答3ページ

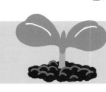

得点　/100点

# 9 単元のまとめ

**1** **右の図の㋐～㋔のように，条件を変えて，インゲンマメの種子が発芽するかどうかを調べました。これについて，次の問題に答えましょう。**　（１つ５点）

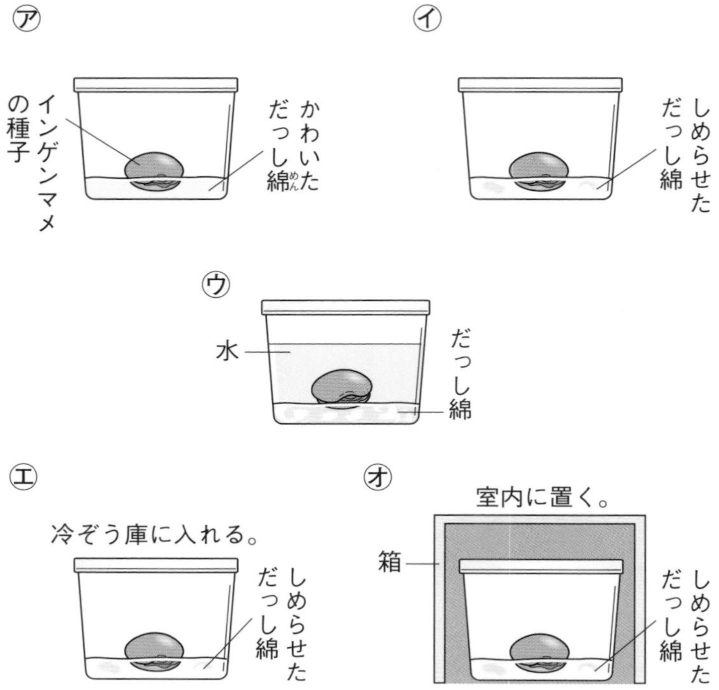
㋐
インゲンマメの種子
かわいただっし綿
㋑
しめらせただっし綿
㋒
水
だっし綿
㋓
冷ぞう庫に入れる。
しめらせただっし綿
㋔
室内に置く。
箱
しめらせただっし綿

(1)　図の㋐と㋑を比べると，種子が発芽するために何が必要なことがわかりますか。

（　　　　　　　　）

(2)　図の㋑と㋒を比べると，種子が発芽するために，何が必要なことがわかりますか。（　　　　　　　　）

(3)　図の㋓と㋔を比べると，種子が発芽するために，何が必要なことがわかりますか。

（　　　　　　　　）

(4)　図の㋐～㋔のうち，種子が発芽するのはどれですか。すべて選びましょう。

（　　　　　　　　）

**2** **右の図は，発芽してしばらくたったころのインゲンマメのようすを表したもので，Ⓐは，種子だったところが，小さくなってしおれたものです。これについて，次の問題に答えましょう。**　（１つ８点）

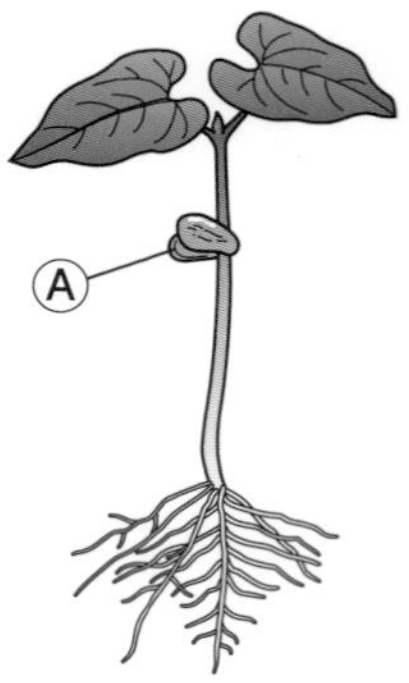
Ⓐ

(1)　発芽する前の種子と図のⒶを切って，ヨウ素液をつけると，青むらさき色になりますか，なりませんか。

発芽する前の種子（　　　　　　　　）

Ⓐ（　　　　　　　　）

(2)　(1)のことからわかることを，次の㋐～㋒から選びましょう。（　　　）

㋐　植物が発芽するとき，種子の中の養分は使われない。

㋑　植物が発芽するとき，種子の中の養分が使われる。

㋒　植物の種子には，養分はふくまれていない。

## [3] 右の図の㋐～㋒のように，条件を変えて，植物の育ち方のちがいを調べました。これについて，次の問題に答えましょう。

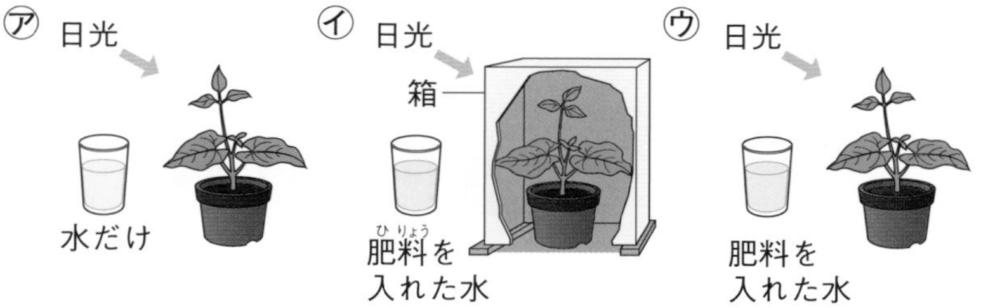
㋐ 日光
水だけ
㋑ 日光
箱
肥料(ひりょう)を
入れた水
㋒ 日光
肥料を
入れた水

（１つ７点）

(1) 図の㋐と㋒で，育ちがよいのはどちらですか。（　　）

(2) 図の㋑と㋒で，育ちがよいのはどちらですか。（　　）

(3) この実験から，植物が育つためには，何が必要だとわかりますか。２つ書きましょう。（　　　　）（　　　　）

## [4] 右の図は，発芽する前のトウモロコシの種子と，発芽してしばらくたったころのトウモロコシを表したものです。これについて，次の問題に答えましょう。

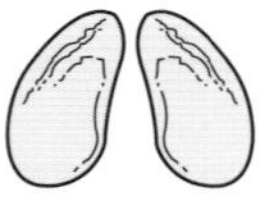
発芽する前の
トウモロコシ
の種子

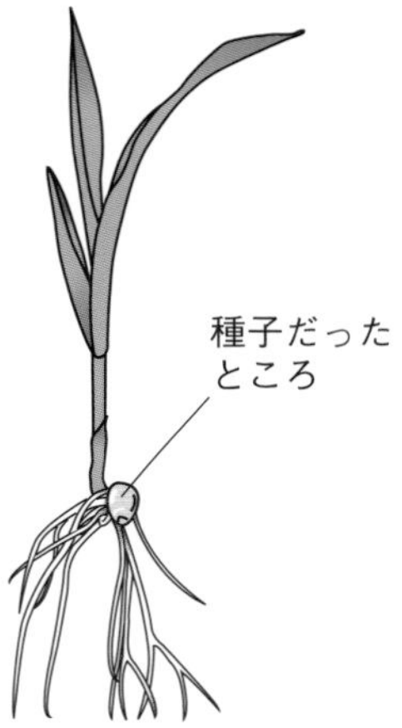
発芽してしばらくたった
トウモロコシ
種子だった
ところ

（１つ７点）

(1) 発芽する前のトウモロコシの種子を切ってヨウ素液をつけるとどうなりますか。次の㋐～㋓から選びましょう。（　　）

㋐ 白色になる。　　㋑ 青むらさき色になる。

㋒ 黄色になる。　　㋓ 変化しない。

(2) (1)で答えたようになるのは，トウモロコシの種子に何がふくまれているからですか。（　　　　）

(3) 発芽してしばらくたったトウモロコシの，種子だったところを切ってヨウ素液をつけるとどうなりますか。次の㋐～㋓から選びましょう。（　　）

㋐ 白色になる。　　㋑ 青むらさき色になる。

㋒ 黄色になる。　　㋓ 変化しない。

(4) 発芽する前は，(1)のようになったのに比べて，発芽してしばらくたつと，(3)のようになるのはどうしてですか。かんたんに説明しましょう。

（　　　　　　　　　　　　　　　　）

# 種子の不思議

## 2000年前の古代ハス

　1951年，千葉県の落合いせきから3つぶのハスの種子が発見されました。植物学者の大賀一郎博士は，このハスの種子がいつごろの年代のものかを知るために，アメリカのシカゴ大学へ調査をいらいしました。その結果，約2000年前の弥生時代の種子であることがわかったのです。

　大賀博士は発見した3つぶの種子の発芽を試みました。すると，2つぶは失敗に終わりましたが，残りの1つぶが発芽に成功し，やがてピンク色のみごとな花をさかせました。

　このハスは「世界最古の花」として，海外にも大きなおどろきをもって伝えられました。

　現在もこのハスは「大賀ハス」「古代ハス」として，毎年6月～7月にかけて大きな花をさかせています。

　それにしても，2000年ものあいだ土の中でねむり続けていたハスの種子の生命力には，おどろくしかありませんね。

▲約2000年前の弥生時代の住居

▲古代ハスの花

この単元では，植物の発芽，植物の成長と日光・養分などについて学習しました。ここでは，種子の不思議について調べます。

## 種子のねむりとは？

　多くの植物は，種子ができるとすぐに発芽するわけではありません。クヌギなどのどんぐりは，適当な温度としつ度があっても秋には発芽しないで，春になると発芽します。また，アブラナの種子は春にできますが，秋にならないと発芽しません。

　このように，発芽に適した時期まで種子はねむっているのです。種子がねむるのは，発芽しても成長できない時期をさけるためと，風などによって遠くまで運んでくれるのを待つためと考えられています。

　種子がねむる期間は，植物の種類によって決まっています。種子がねむりからさめると発芽しますが，発芽のときのエネルギーはとても大きく，右の図のように石を持ち上げてしまうこともあります。

種子が発芽するときのエネルギーの大きさにはおどろかされるね！

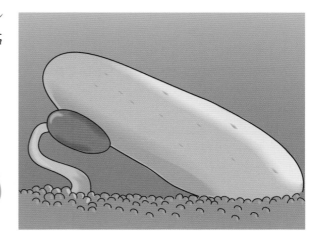

自由研究のヒント

　アスファルトの歩道で発芽したダイコンが育ってきて，話題になったことがありました。あなたの身近なところでも，アスファルトのすき間などから芽を出している植物はありませんか。さがしてみましょう。

▲アスファルトをつきぬけたダイコン

# 10 メダカの飼い方①

覚えよう

## メダカのめすとおす

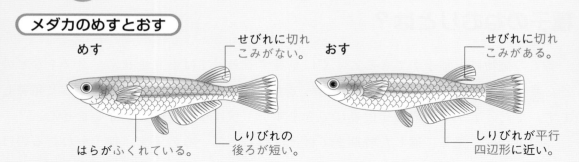

めす

せびれに切れこみがない。

はらがふくれている。

しりびれの後ろが短い。

おす

せびれに切れこみがある。

しりびれが平行四辺形に近い。

## メダカのかい方

水そうを置く場所…日光が直接当たらない明るい場所。

水そうの底…よくあらった小石をしく。

たまごを産みつけやすいように，水草を入れる。

水そうの水…くみ置きの水を入れる。

入れるメダカの数…めすとおすを同じ数ずつ入れる。

えさ…かんそうミジンコなどを，食べ残しが出ないくらいあたえる。

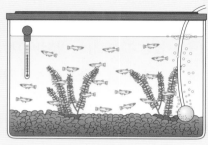

### たまごを見つけたら

・水草につけたまま，別の入れ物に移す。

・水温が上がりすぎないように注意する。

あなをあける。

たまごがついている水草

水

**1** 下の図は，メダカのようすを表したものです。それぞれ，おす，めすのどちらですか。□に書きましょう。

（1つ6点）

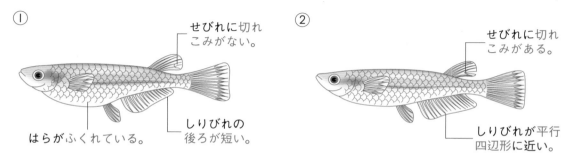

①

せびれに切れこみがない。

はらがふくれている。

しりびれの後ろが短い。

②

せびれに切れこみがある。

しりびれが平行四辺形に近い。

**2** 次の文は，メダカの飼い方について書いたものです。それぞれ，正しいほうの記号を選びましょう。

（1つ8点）

(1) 水そうを置く場所 （　　）

　　㋐　日光がよく当たる明るい場所

　　㋑　日光が直接当たらない明るい場所

(2) 水そうの底 （　　）

　　㋐　よくあらった小石をしく。　　㋑　何も入れない。

(3) 水そうの中 （　　）

　　㋐　たまごを産むじゃまにならないように，何も入れない。

　　㋑　たまごを産みつけやすいように，水草を入れる。

(4) メダカの数 （　　）

　　㋐　おすを，できるだけ多くする。

　　㋑　めすとおすを同じ数ずつ入れる。

(5) 水そうの水 （　　）

　　㋐　水道の水をそのまま入れる。　　㋑　くみ置きの水を入れる。

(6) えさ （　　）

　　㋐　かんそうミジンコなどを，食べ残しが出ないくらいにあたえる。

　　㋑　かんそうミジンコなどを，いつでもメダカが食べられるように，たくさんあたえる。

**3** 下の図は，メダカのめすとおすのようすを表したものです。めすとおすのちがいがわかるように，□にあてはまることばを，▨から選んで書きましょう。　（1つ8点）

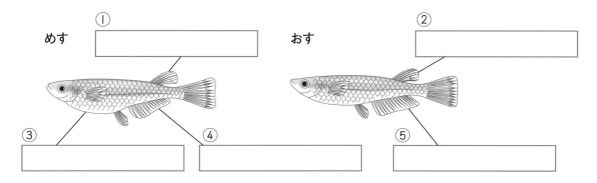

めす　①
おす　②
③　④　⑤

| せびれに切れこみがある。 | せびれに切れこみがない。 |
| しりびれの後ろが短い。 | しりびれが平行四辺形に近い。 |
| はらがふくれている。 | はらがほっそりしている。 |

答え➡別冊解答4ページ

得点

/100点

# 11 メダカの飼い方②

**1** 右の図は，メダカのめすとおすを表したものです。これについて，次の問題に答えましょう。　（1つ4点）

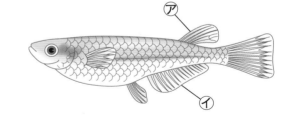

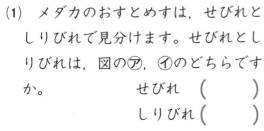

(1) メダカのおすとめすは，せびれとしりびれで見分けます。せびれとしりびれは，図の㋐，㋑のどちらですか。

せびれ　（　　　）

しりびれ（　　　）

(2) せびれに切れこみがあるのは，おすですか，めすですか。　（　　　　　）

(3) しりびれが平行四辺形に近いのは，おすですか，めすですか。（　　　　　）

(4) しりびれの後ろが短いのは，おすですか，めすですか。（　　　　　）

(5) はらがふくれているのは，おすですか，めすですか。（　　　　　）

**2** 次の文は，メダカの飼い方について書いたものです。（　）にあてはまることばを書きましょう。

（1つ3点）

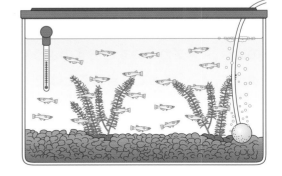

(1) 水そうは，日光が直接（　　　　　　　）明るい場所に置く。

(2) 水そうの底には，（　　　　　　　）をしく。

(3) 水そうの中には，メダカがたまごを産みつけやすいように，（　　　　　　）を入れる。

(4) 水は，（　　　　　）の水を入れる。

(5) メダカの数は，めすとおすを（　　　　　）ずつ入れる。

(6) えさは，かんそうミジンコなどを，（　　　　　　　）くらいあたえる。

(7) たまごを見つけたら，（　　　　　）につけたまま，別の入れ物に移す。

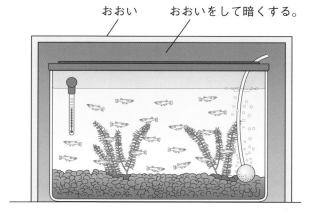

③ 右の図は，メダカのめすとおすを表した
ものです。これについて，次の問題に答え
ましょう。　((1)は1つ3点，(2)は1つ5点)

(1)　図の㋐，㋑のひれの名前を，それぞれ
書きましょう。㋐（　　　　　　　　　）
　　　　　　　　㋑（　　　　　　　　　）

(2)　メダカは，からだの各部分のようすが，
めすとおすではちがっています。それぞ
れどのようになっているか，ちがいがわか
るように，その特ちょうを書きましょう。

①　せびれ　　めす（　　　　　　　）　　おす（　　　　　　　）

②　しりびれ　めす（　　　　　　　）　　おす（　　　　　　　）

③　はら　　　めす（　　　　　　　）


④ 次の文は，右の図のようにし
てメダカを飼ったときのようす
を書いたものですが，いくつか
は，メダカの飼い方としてまち
がっています。まちがっている
ときには，（　）に正しい飼い方
を書きましょう。正しいときに
は，（　）に○を書きましょう。

（1つ4点）

おおい　　　　おおいをして暗くする。

(1)　水そうは，日光が当たらない暗い場所に置く。

（　　　　　　　　　　　　）

(2)　よくあらった小石をしく。　　　　（　　　　　　　　　　　）

(3)　たまごを産みつけやすいように，水草を入れる。

（　　　　　　　　　　　）

(4)　水道の水をそのまま入れる。　　（　　　　　　　　　　　）

(5)　えさは，食べ残しが出るくらい十分にあたえる。

（　　　　　　　　　　　）

(6)　たまごを見つけたら，そのままにしておく。

（　　　　　　　　　　　）

得点

/100点

# 12 メダカのたんじょう①

覚えよう

## メダカのたまごの変化

・めすの産んだたまご（卵）が，おすが出した精子と結びつくことを受精という。
・受精するとたまごは成長を始める。
・受精したたまごを受精卵という。

養分が入っている部分
メダカになるところ
実際の大きさは1mmくらい

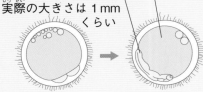

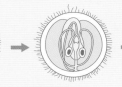

| 受精から数時間後 | 2日目 | 4日目 | 8日目 | 11日目 |
|---|---|---|---|---|
| あわのようなものが少なくなる。 | からだのもとになるものが見えてくる。 | 目がはっきりしてくる。心ぞうと血管が見えてくる。 | たまごの中でときどき動く。 | たまごのまくを破って出てくる。 |

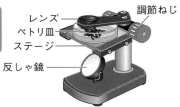

### かいぼうけんび鏡の使い方

レンズ
ペトリ皿
ステージ
反しゃ鏡
調節ねじ

❶日光が直接当たらない，明るいところに置く。
❷反しゃ鏡の向きを変え，見やすい明るさにする。
❸観察するものを，ステージの中央に置く。
❹真横から見ながら調節ねじを回して，レンズを観察するものに近づける。
❺調節ねじを少しずつ回して，レンズを観察するものから遠ざけていき，はっきり見えるところで止める。

### かえったばかりのメダカ

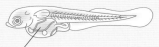

養分が入っている部分　実際の大きさ
（メダカがかえるまでの日数は，水温によってちがいます。）

## メダカのたんじょうと養分

### たまごの中で育つとき
たまごの中にたくわえられた養分で育つ。

### たまごから出てきてから数日間
はらのふくろの中にある養分で育つ。

---

**1** 右の図は，かいぼうけんび鏡を表したものです。□にあてはまることばを，▢▢▢から選んで書きましょう。

（1つ5点）

レンズ　ステージ
反しゃ鏡　調節ねじ

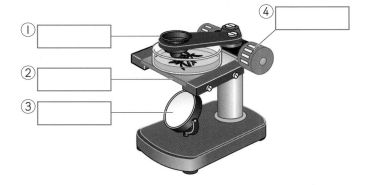

①
②
③
④

**2** 次の文は，メダカのたまごの変化について書いたものです。（　）にあてはまることばを，▨▨▨から選んで書きましょう。 （1つ10点）

(1) めすの産んだ①（　　　　　　　　）が，おすが出した②（　　　　　　　　）と結びつくことを③（　　　　　　　　）という。

(2) 受精（じゅせい）したたまごを（　　　　　　　　）という。

(3) 受精すると，たまごは（　　　　　　　　　　　）。

> | 成長を始める　　成長しなくなる　　たまご　　受精卵（じゅせいらん）　　精子（せいし）　　受精 |

**3** 下の図は，メダカのたまごが育つようすを表したものです。育つ順に，㋐〜㋔を書きましょう。 （10点）

（　　　→　　　→　　　→　　　→　　　）

㋐ 目がはっきりしてくる。心ぞうと血管が見えてくる。

㋑ たまごの中でときどき動く。

㋒ たまごのまくを破（やぶ）って出てくる。

㋓ からだのもとになるものが見えてくる。

㋔ あわのようなものが少なくなる。

**4** 次の文は，メダカのたんじょうと養分について書いたものです。（　）にあてはまることばを，▨▨▨から選んで書きましょう。 （1つ10点）

(1) メダカは，たまごの中で育つときは，（　　　　　　　　　　　）育つ。

(2) メダカは，たまごから出てきて数日間は，（　　　　　　　　　）育つ。

> 親から養分を受けとって　　たまごの中にたくわえられた養分で
> はらのふくろの中にある養分で　　自分でえさを食べて

答え➡別冊解答4ページ

得点

/100点

# 13 メダカのたんじょう②

**1** 次の文は，かいぼうけんび鏡の使い方を，順番に書いたものです。（　）にあてはまることばを，下の⑦〜㋙から選んで書きましょう。　（1つ3点）

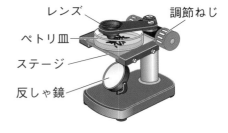

レンズ　調節ねじ
ペトリ皿
ステージ
反しゃ鏡

❶日光が直接（ちょくせつ）当たらない（　　　）ところに置く。

❷（　　　）の向きを変え，見やすい明るさにする。

❸観察するものを，（　　　）の中央に置く。

❹①（　　　）から見ながら②（　　　）を回して，レンズを観察するものに近づける。

❺調節ねじを少しずつ回して，レンズを観察するものから（　　　）いき，はっきり見えるところで止める。

⑦　明るい　　　㋑　暗い　　　㋒　レンズ　　　㋓　反しゃ鏡　　　㋔　調節ねじ

㋕　上　　　　　㋖　真横　　　㋗　近づけて　　㋘　遠ざけて　　　㋙　ステージ

**2** 右の図は，メダカのたまごと，たまごからかえったばかりのメダカのようすを表したものです。これについて，次の問題に答えましょう。　（1つ4点）

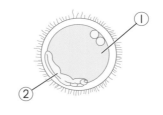

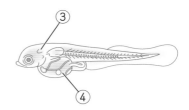

(1) メダカのたまごで，育つための養分がたくわえられているのはどこですか。図の①，②から選びましょう。　　　　　　　　　　　　　　　　（　　　）

(2) たまごからかえったばかりのメダカで，養分が入っているのはどこですか。図の③，④から選びましょう。　　　　　　　　　　　　　　　　（　　　）

(3) たまごからかえったばかりのメダカは，何を養分にして育ちますか。（　）にあてはまることばを，書きましょう。

> たまごからかえったばかりのめだかは，
> （　　　　　　　　　　　　　）育つ。

## 3

次の文は，メダカのたまごが変化していくようすを書いたものです。それぞれ，受精(じゅせい)からどれくらいたったころのようすですか。下の㋐～㋔から選びましょう。　（１つ４点）

(1)　たまごの中で，ときどき動く。　（　　）

(2)　からだのもとになるものが見えてくる。　（　　）

(3)　目がはっきりしてくる。心ぞうが動き，血液(けつえき)が流れるのが見られるようになる。　（　　）

(4)　たまごのまくを破(やぶ)って出てくる。　（　　）

(5)　あわのようなものが少なくなる。　（　　）

㋐　受精から数時間後　　㋑　受精から２日目　　㋒　受精から４日目

㋓　受精から８日目　　㋔　受精から11日目

## 4

下の㋐～㋔の図は，メダカのたまごが変化するようすを表したものです。また，[あ]～[お]の文は，変化するとちゅうのたまごのようすを説明したものです。それぞれ何日目のようすですか。表の（　）にあてはまる記号を書きましょう。　（１つ５点）

㋐

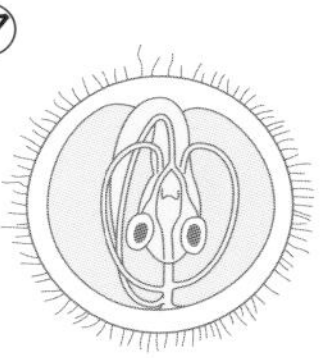

㋑

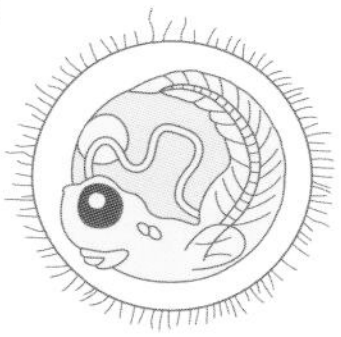

㋒

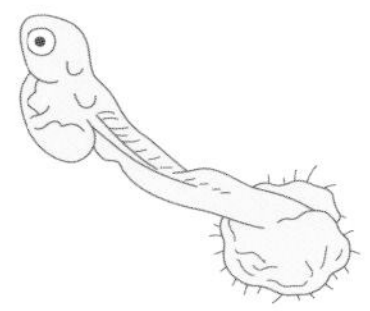

㋓

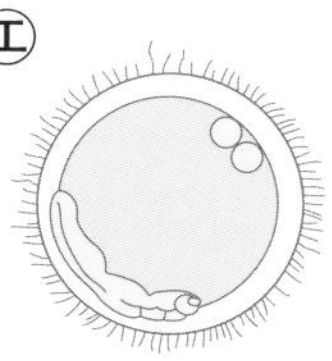

㋔

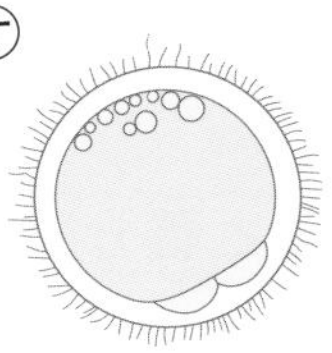

[あ]　目がはっきりしてくる。心ぞうが動き，血液が流れるのが見られるようになる。

[い]　からだのもとになるものが見えてくる。

[う]　あわのようなものが少なくなる。

[え]　たまごのまくを破って出てくる。

[お]　たまごの中でときどき動く。

| 受精から | 数時間後 | ２日目 | ４日目 | ８日目 | 11 日目 |
|---|---|---|---|---|---|
| 図 | ①（　　） | ②（　　） | ③（　　） | ④（　　） | ⑤（　　） |
| 説　明 | ⑥（　　） | ⑦（　　） | ⑧（　　） | ⑨（　　） | ⑩（　　） |

# 14 人のたんじょう①

得点

/100点

覚えよう

## 受精と人のたんじょう

・受精…女性の体内でつくられた卵（卵子）が男性の体内でつくられた精子と結びつくこと。

・受精すると生命がたんじょうし，**受精卵**となる。（大きさは0.1mmくらい）

・受精卵は母親の**子宮**の中でおよそ38週間育てられ，**身長50cmくらい**，**体重3kgくらい**の子どもに成長して生まれる。

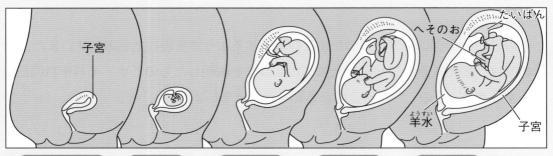

| 受精から約4週 | 約8週 | 約16週 | 約24週 | 約36週 |
|---|---|---|---|---|
| 体重…約0.01g | 体重…約1g | 体重…約140g | 体重…約800g | 体重…約2700g |
| ・心ぞうが動き始める。 | ・目や耳ができる。<br>・手や足の形がはっきりしてくる。<br>・からだを動かし始める。 | ・からだの形や顔のようすがはっきりしてくる。<br>・男女の区別ができる。 | ・心ぞうの動きが活発になる。<br>・からだを回転させて，よく動くようになる。 | ・子宮の中で回転できないくらいに大きくなる。 |

## 人のたんじょうと養分

人の子どもは，母親の体内で，母親から養分を受け取って育つ。

**へそのお**…母親の子宮のかべにある**たいばん**につながっている。

**たいばん**…子宮の中の子どもは，たいばんからへそのおを通して母親から**養分**などをもらい，いらなくなったものを返す。

## 1

右の図は，母親の体内で育つ子どものようすを表したものです。□にあてはまることばを，　から選んで書きましょう。

（1つ10点）

たいばん　　羊水

へそのお　　子宮

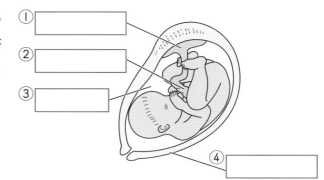

① 

② 

③ 

④

## 2

**次の文は，人のたんじょうについて書いたものです。（　）にあてはまることばを，［　］から選んで書きましょう。**（１つ５点）

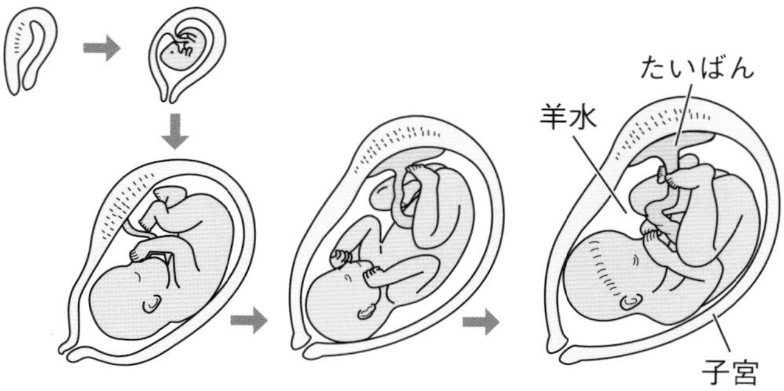


(1) 女性(じょせい)の卵(らん)（卵子(らんし)）が，男性の精子(せいし)と結びつくことを（　　　　）という。

(2) 受精(じゅせい)した卵を，（　　　　）という。

(3) 受精卵(じゅせいらん)は母親の①（　　　　）の中で，およそ②（　　　　）育てられ，身長③（　　　　）くらい，体重④（　　　　）くらいに成長して生まれる。

(4) 子宮の中で，子どものまわりは（　　　　）で満たされている。

| | | | | | |
|---|---|---|---|---|---|
| 卵 | 受精 | 受精卵 | 羊水 | 子宮 | 38週間 |
| 50cm | 100cm | 3kg | 30kg | 83週間 | |

## 3

**右の図は，母親の体内で子どもが育つようすを表したものです。育つ順に，㋐〜㋔を書きましょう。**

（10点）

（　　→　　→　　→　　→　　）

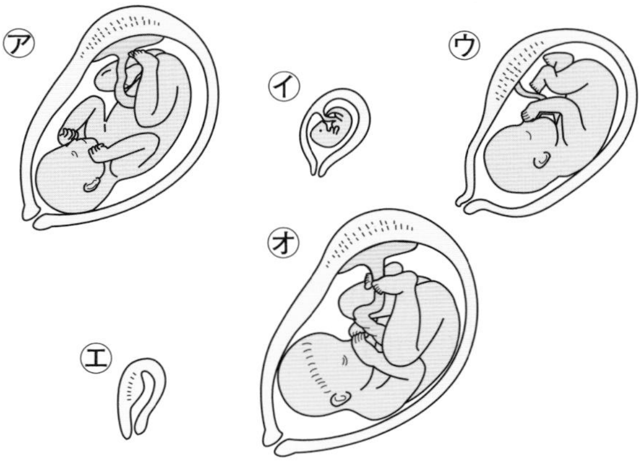


## 4

**次の文は，人のたんじょうと養分について書いたものです。（　）にあてはまることばを，［　］から選んで書きましょう。**（１つ５点）

(1) 人の子どもは，母親の体内で，母親から（　　　　）を受け取って育つ。

(2) （　　　　）は，母親の子宮のかべにあるたいばんにつながっている。

(3) 子宮の中の子どもは，（　　　　）からへそのおを通して母親から養分などをもらい，いらなくなったものを返す。

| | | | | |
|---|---|---|---|---|
| へそのお | たいばん | 養分 | 口(くち) | いらないもの |

答え➡別冊解答5ページ

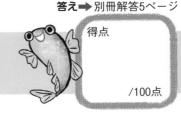

# 15 人のたんじょう②

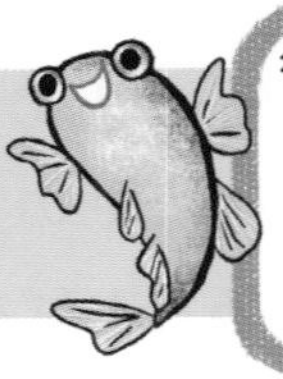

得点　　/100点

## 1

右の図は，母親の体内で子どもが育つようすを書いたものです。①～③を何といいますか。それぞれ名前を書きましょう。（1つ5点）

①（　　　　　　）
②（　　　　　　）
③（　　　　　　）

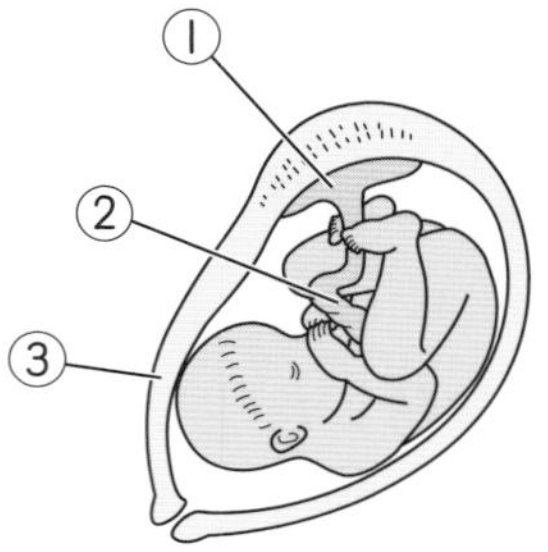
①
②
③

## 2

次の文は，人のたんじょうについて書いたものです。（　）にあてはまることばを書きましょう。（1つ5点）

(1) 女性の体内でつくられた①（　　　　）が男性の体内でつくられた②（　　　　）と結びつくことを受精という。
(2) （　　　　）すると，卵は受精卵となり，生命がたんじょうする。
(3) 受精卵は母親の（　　　　）の中で，およそ38週間育てられる。
(4) 子宮の中で，子どものまわりは（　　　　）で満たされている。
(5) 子宮の中の子どもは，母親から（　　　　）を受け取って育つ。

## 3

下の図は，母親の体内で子どもが育っていくようすを表したものです。それぞれの子どものようすについて説明した文を，次の㋐～㋔から選びましょう。（1つ4点）

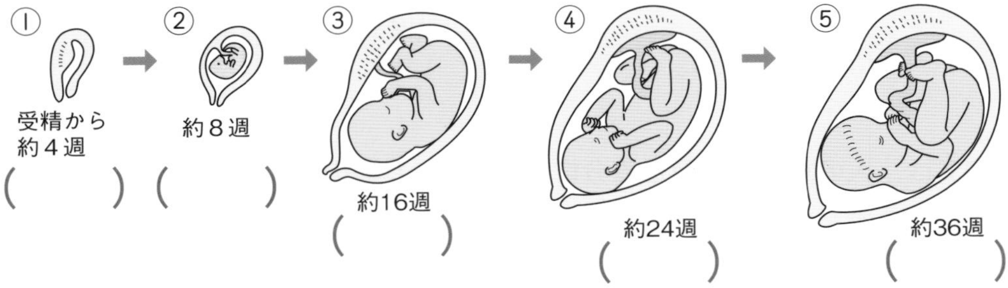
①
受精から
約4週
（　　）
②
約8週
（　　）
③
約16週
（　　）
④
約24週
（　　）
⑤
約36週
（　　）

㋐ からだの形や顔のようすがはっきりしている。男女の区別ができる。
㋑ 心ぞうが動き始める。
㋒ 心ぞうの動きが活発になる。からだを回転させ，よく動くようになる。
㋓ 子宮の中で回転できないくらいに大きくなる。
㋔ 目や耳ができる。手や足の形がはっきりしてくる。からだを動かし始める。

## 4 次の問題に答えましょう。

（１つ４点）

⑴　女性の体内でつくられた卵（卵子）と男性の体内でつくられた精子が結びつくことを何といいますか。（　　　　　）

⑵　母親のからだの中で，子どもを育てているところを何といいますか。（　　　　　）

⑶　⑵のかべにあり，子どものへそのおとつながっているものを何といいますか。（　　　　　）

⑷　子どもは，へそのおやたいばんを通してだれから養分を受け取っていますか。（　　　　　）

⑸　⑵の中で子どものまわりを満たしている水を何といいますか。（　　　　　）

## 5 右の図の㋐～㋔は，母親の体内で育つ子どものようすを表したものです。また，下の㋕～㋙は，子どもが育つようすを説明したもの，㋚～㋞は，子どもの体重と身長を書いたものです。それぞれいつごろのものですか。表の（　）にあてはまる記号を書きましょう。

（１つ１点）

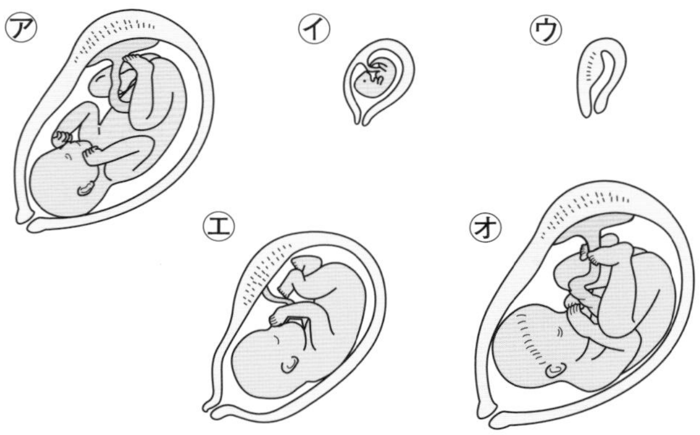


㋕　心ぞうの動きが活発になる。からだを回転させ，よく動くようになる。

㋖　からだの形や顔のようすがはっきりしている。男女の区別ができる。

㋗　目や耳ができる。手や足の形がはっきりしてくる。からだを動かし始める。

㋘　子宮の中で回転できないくらいに大きくなる。

㋙　心ぞうが動き始める。

㋚　約2700g，約40～45cm　　㋛　約800g，約30～35cm

㋜　約140g，約20～25cm　　㋝　約1g，約3cm　　㋞　約0.01g，約0.4cm

| 受精から | 約4週 | 約8週 | 約16週 | 約24週 | 約36週 |
|---|---|---|---|---|---|
| 図 | ①（　　） | ②（　　） | ③（　　） | ④（　　） | ⑤（　　） |
| 説　明 | ⑥（　　） | ⑦（　　） | ⑧（　　） | ⑨（　　） | ⑩（　　） |
| 体重と身長 | ⑪（　　） | ⑫（　　） | ⑬（　　） | ⑭（　　） | ⑮（　　） |

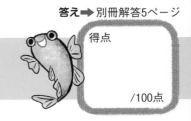

答え➡別冊解答5ページ

# 16 単元のまとめ

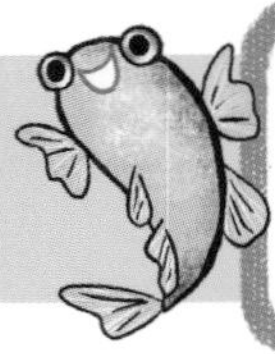

得点

/100点

## 1 人のたんじょうについて，次の問題に答えましょう。

（１つ10点）

(1) 受精とはどのようなことですか。次の㋐，㋑から選びましょう。（　　）

㋐　女性の体内でつくられた卵（卵子）が男性の体内でつくられた精子と結びつくこと。

㋑　女性の体内でつくられた精子が男性の体内でつくられた卵（卵子）と結びつくこと。

(2) 受精した卵を何といいますか。（　　　　）

(3) 受精と生命のたんじょうについて正しいものを，次の㋐～㋓から選びましょう。（　　）

㋐　受精の前から生命はたんじょうしているが，受精によって，より強くなる。

㋑　生命は，受精によってたんじょうする。

㋒　生命がたんじょうすると，受精が行われる。

㋓　受精と生命のたんじょうは関係ない。

## 2 人の受精卵の成長について，次の問題に答えましょう。

（１つ10点）

(1) 受精卵は，どこで育ちますか。次の㋐～㋒から選びましょう。（　　）

㋐　母親の子宮の中

㋑　母親のたいばんの中

㋒　母親のへそのおの中

(2) 受精卵はどれくらいの期間，母親の体内で育てられてから生まれますか。次の㋐～㋓から選びましょう。（　　）

㋐　およそ18週間　　㋑　およそ28週間

㋒　およそ38週間　　㋓　およそ48週間

(3) 受精卵から育った子どもは，どれくらいの大きさに成長して生まれますか。次の㋐～㋒から選びましょう。（　　）

㋐　身長３cmくらい，体重1gくらい

㋑　身長100cmくらい，体重15kgくらい

㋒　身長50cmくらい，体重３kgくらい

## 3 下の図は，メダカのたまごが育つようすを表したものです。これについて，次の問題に答えましょう。

（1つ8点）

[ア]

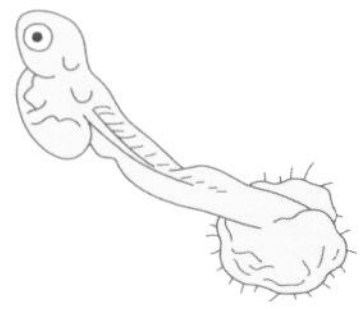

たまごのまくを破って出てくる。

[イ]

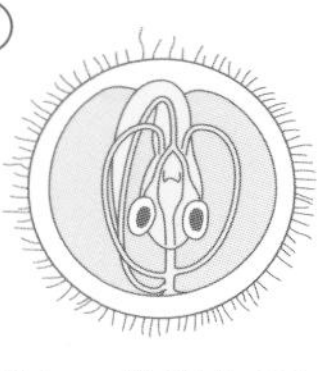

目がはっきりしてくる。心ぞうが動き，血液が流れるのが見られるようになる。

[ウ]

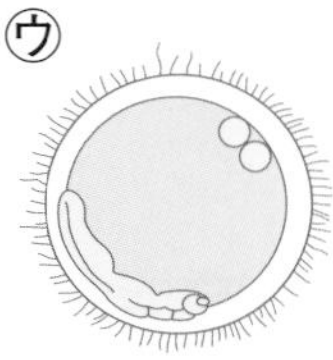

からだのもとになるものが見えてくる。

[エ]

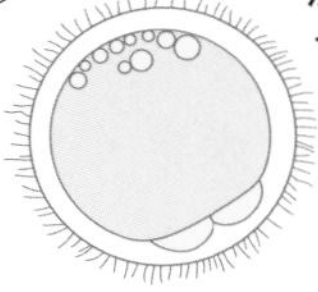

あわのようなものが少なくなる。

[オ]

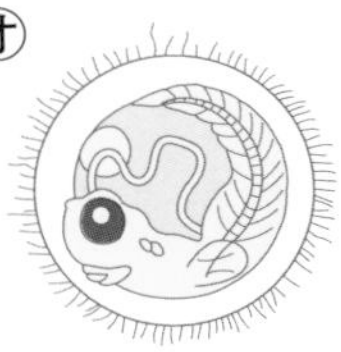

たまごの中でときどき動く。

(1) たまごが成長を始めるためには，何が必要ですか。次の[ア]～[ウ]から選びましょう。

（　　）

[ア] おすが出した精子が，めすの産んだたまごと結びつくこと。

[イ] めすの産んだたまごが，おすのからだの中に入ること。

[ウ] めすの産んだたまごから，精子が出ていくこと。

(2) (1)のことを何といいますか。（　　　　　）

(3) たまごは，どのような順に育ちますか。図の[ア]～[オ]を，育つ順に書きましょう。

（　→　→　→　→　）

## 4 メダカのたんじょうと養分について，次の問題に答えましょう。

（1つ8点）

(1) たまごの中で育つとき，メダカはどのようにして育ちますか。次の[ア]～[ウ]から選びましょう。（　　）

[ア] まわりの水から養分を取り入れて育つ。

[イ] たまごの中にたくわえられた養分で育つ。

[ウ] たまごの中で育つときは，養分はいらない。

(2) たまごから出てきてから数日間，メダカはえさをとらずに育ちます。そのわけを次の[ア]～[ウ]から選びましょう。（　　）

[ア] 親がえさをあたえてくれるから。

[イ] はらのふくろの中に養分が入っているから。

[ウ] たまごから出てきてから数日間は，育つのに養分はいらないから。

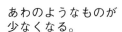

# 魚の生まれ方

## 魚の産むたまごの数は？

　メダカは1回に10〜30個ほどのたまごを産みますが、ほかの魚はどうでしょうか。どの魚も、同じくらいの数のたまごを産むのでしょうか。

　実は、1回に産むたまごの数は、魚の種類によって大きくちがいます。海の中をユラユラとただようように泳いでいるマンボウは、1回に何と3億個ものたまごを産むのです。

メダカ（10〜30個）

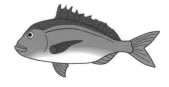

キンギョ（100〜300個）

サケ（約3000個）

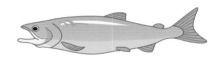

タイ（50万〜700万個）

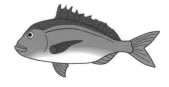

タラ（200万〜300万個）

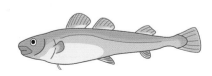

マンボウ（約3億個）

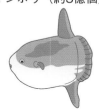

　魚がたくさんのたまごを産むのは、たまごや子どものうちに、ほかの魚や鳥などに食べられてしまったり、えさがとれずに死んでしまったりするものが多いためです。

　産み出されたたまごのうち、親にまでなれる魚の数はごくわずかだといわれています。それにしても、マンボウの産むたまごの数にはビックリですね。

　でも、鳥は魚のようにたくさんのたまごは産みませんし、鳥以外でも親がたまごをあたため、かえった子を親が育てる動物は、たまごの数は少ないのです。これは、親がてきから守ってくれるので、たまごの数が少なくても、親にまでなれる確率が高いためだと考えられています。

この単元では，メダカの飼い方<ruby>飼<rt>か</rt></ruby>，メダカのたんじょう，人のたんじょうについて学習しました。ここでは，魚の生まれ方について調べます。

## たまごを産まない魚

　魚のなかには，グッピーやカダヤシ，サメの一部のように，たまごではなく，子どもを産むものもいます。

　たまごをおなかの中でかえして，子どもがある程度<ruby>程度<rt>ていど</rt></ruby>大きく育ってから産むのです。こうすることによって，子どもが確実<ruby>確実<rt>かくじつ</rt></ruby>に生き残れるようにしています。

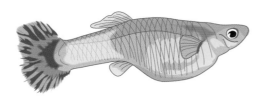

▲グッピー

▲カダヤシ

このような子の産み方を，「らんたい生」というんだよ。

グッピーもカダヤシもめすのほうがおすよりも大きいんだよ。

### 自由研究のヒント

　スケトウダラのたまご（たらこ）の数を調べましょう。

・1ぴき分のたらこの重さをはかり，たらこの一部を切りとり，その重さをはかります。

・切りとったたまごの数を調べ，1ぴき分のたまごの数を計算で求めます。

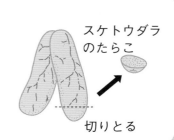

スケトウダラのたらこ

切りとる

答え➡別冊解答5ページ

**17**

## めしべとおしべ①

得点

/100点

覚えよう

**花のつくり**
・花には，めしべ，おしべ，花びら，がくがある。
・花には，1つの花にめしべとおしべの両方があるものと，
　めしべだけがあるめばな，おしべだけがあるおばなの区別があるものがある。

**1つの花に，めしべとおしべがある花**
アサガオ，アブラナ，オクラ，ユリなど。

**めばなとおばなの区別がある花**
ヘチマ，ツルレイシ，カボチャなど。

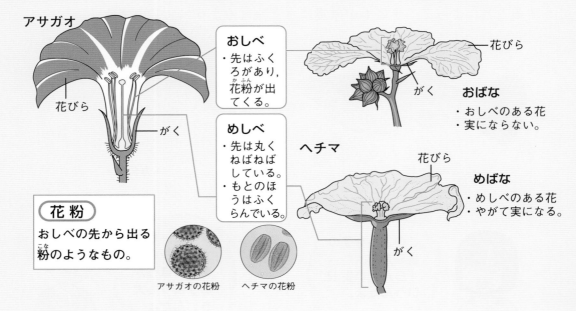

アサガオ

**おしべ**
・先はふくろがあり，花粉（かふん）が出てくる。

花びら

がく

**めしべ**
・先は丸くねばねばしている。
・もとのほうはふくらんでいる。

**花粉**
おしべの先から出る粉（こな）のようなもの。

アサガオの花粉　　ヘチマの花粉

花びら

がく

**おばな**
・おしべのある花
・実にならない。

ヘチマ

花びら

**めばな**
・めしべのある花
・やがて実になる。

がく

---

**1** 右の図は，アサガオの花のつくりを表したものです。□にあてはまることばを，▨から選んで書きましょう。

（1つ4点）

めしべ　　おしべ
花びら　　がく

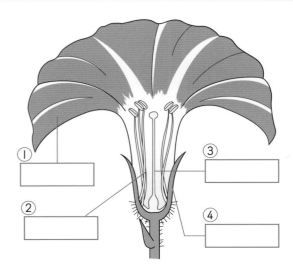

①
②
③
④

**2** 右の図は，ヘチマの花のつくりを表したものです。□にあてはまることばを，▨から選んで書きましょう。ただし，①と②の□には，「めばな」か「おばな」のどちらかを書きましょう。また，同じことばを，くり返し使ってもかまいません。 （1つ4点）

| めばな | おばな | がく |
|---|---|---|
| めしべ | おしべ | 花びら |

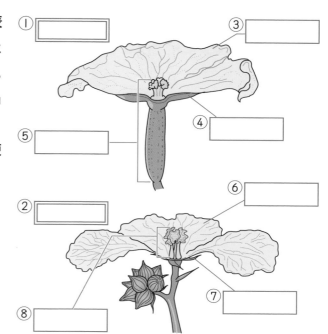

① ☐　③ ☐
④ ☐
⑤ ☐
② ☐　⑥ ☐
⑦ ☐
⑧ ☐

**3** 次の文は，花のつくりについて書いたものです。（ ）にあてはまることばを，▨から選んで書きましょう。 （1つ5点）

(1) 花には，（　　　　　），（　　　　　），花びら，がくがある。

(2) 花には，めしべだけがあるめばなと，おしべだけがある（　　　　　）の区別があるものもある。

(3) めしべの先は丸く，（　　　　　）している。もとのほうはふくらんでいる。

(4) おしべの先には①（　　　　　）があり，②（　　　　　）が出てくる。

(5) めばなはやがて実に（　　　　　）。

(6) おばなは実に（　　　　　）。

| めばな | めしべ | ふくろ | おばな | おしべ | 花粉（かふん） |
|---|---|---|---|---|---|
| ねばねば | なる | ならない | | | |

**4** ヘチマとアサガオの花粉について，次の問題に答えましょう （1つ4点）

(1) 花粉は，花のつくりのどこから出ますか。

（　　　　　　　　　　）

(2) 右の写真は，それぞれ何の花粉ですか。
（ ）に書きましょう。

（　　　　　） （　　　　　）

① 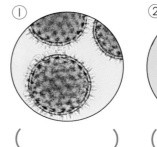　②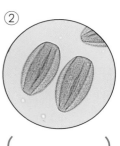

答え➡別冊解答5ページ

得点

/100点

# 18 めしべとおしべ②

**1** 次の文は，めしべとおしべについて書いたものです。
それぞれ，めしべとおしべのどちらについて説明した
ものですか。（　）に書きましょう。　　　（1つ5点）

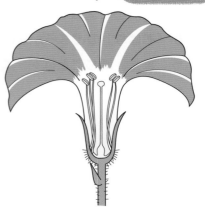

(1)　先にふくろがあり，花粉が出てくる。

（　　　　　）

(2)　もとのほうは，ふくらんでいる。

（　　　　　）

(3)　先は丸く，ねばねばしている。　（　　　　　）

**2** 次の文は，めばなとおばなについて書いたものです。それぞれ，めばなとおばなのど
ちらについて説明したものですか。（　）に書きましょう。　　　　　　（1つ5点）

(1)　おしべがある。　　　　　　　　　　　　　　　　　　　　（　　　　　　　）

(2)　めしべがある。　　　　　　　　　　　　　　　　　　　　（　　　　　　　）

(3)　やがて実になる。　　　　　　　　　　　　　　　　　　　（　　　　　　　）

(4)　実にならない。　　　　　　　　　　　　　　　　　　　　（　　　　　　　）

**3** 次の花は，それぞれ，「1つの花にめしべとおしべがある花」と，「めばなとおばなの
区別がある花」のどちらですか。（　）に書きましょう。　　　　　　（1つ6点）

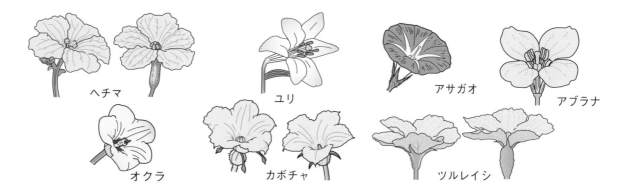

ヘチマ　　　　　　　ユリ　　　　　アサガオ　　　　アブラナ

オクラ　　　カボチャ　　　　ツルレイシ

(1)　1つの花にめしべとおしべがある花

（　　　　　　　　　　　　　　　　　　　　　）

(2)　めばなとおばなの区別がある花

（　　　　　　　　　　　　　　　　　　　　　）

**4** 右の図は, アサガオとヘチマの, 花のつくりを表したものです。これについて, 次の問題に答えましょう。

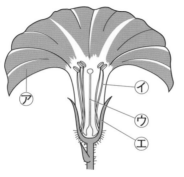

アサガオ

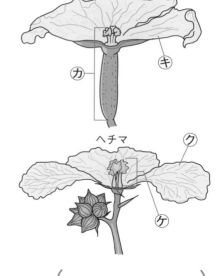

ヘチマ

（1つ5点）

(1) もとのほうがふくらんでいて, やがて実になるのはどこですか。アサガオの図の㋐〜㋓と, ヘチマの図の㋕〜㋚から, それぞれ選びましょう。
アサガオ（　　　）　　ヘチマ（　　　）

(2) (1)の部分を何といいますか。　　　　　　　　　　（　　　　　　　　　　）

(3) (1)の部分のそのほかの特ちょうとして正しいものを, 次の㋝〜㋮から選びましょう。　　　　　　　　　　　　　　　　　　　　　　（　　　　　　　　　　）

　㋝　先にふくろがあり, 粉のようなものが出る。

　㋛　先は丸くねばねばしている。

　㋜　おばなにある。

　㋶　めばなにはない。

(4) 先から, 花粉が出てくるのはどこですか。アサガオの図の㋐〜㋓と, ヘチマの図の㋕〜㋚から, それぞれ選びましょう。　アサガオ（　　　）　　ヘチマ（　　　）

(5) (4)の部分を何といいますか。　　　　　　　　（　　　　　　　　　　）

**5** 右の写真は, アサガオのめしべとおしべの先を, 虫めがねで観察したものです。これについて, 次の問題に答えましょう。

（1つ6点）

アサガオのめしべの先　　アサガオのおしべの先

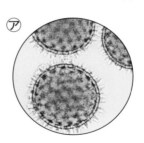 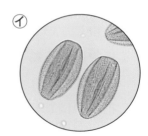

㋐　　　　㋑

(1) めしべの先は, どうなっていますか。

（　　　　　　　　　　　）

(2) おしべの先は, どうなっていますか。

（　　　　　　　　　　　）

(3) アサガオの花粉は, ㋐, ㋑のどちらですか。　　　　　　（　　　）

# 19 花粉のはたらき①

得点

/100点

覚えよう

**受粉(じゅふん)**
・めしべの先に花粉(かふん)がつくことを受粉という。
・受粉しないと，実はできない。
・植物は，実を結び，中にたくさんの種子を
つくることで生命を伝えていく。

**花粉の運ばれ方**
多くの植物の花粉は，こん虫
や風によって，おしべからめ
しべの先に運ばれる。

[受粉させる]

次の日に開きそうな　　花が開いたら　　　花粉をつけたら　　　花がしぼん　　　実になる。
めばなのつぼみに，　　おばなの花粉　　　ふくろをかける。　んだらふくろ
ふくろをかける。　　　をつける。　　　　　　　　　　　　をとる。

| 1日目 | 2日目 | 3日目 | 1週間後 |

[受粉させない]

次の日に開きそうな　　　　花が開いても，ふくろを　　　花がしぼん　　　　実に
めばなのつぼみに，　　　　かけたままにしておく。　　　んだらふくろ　　　ならない。
ふくろをかける。　　　　　　　　　　　　　　　　　　　をとる。

▶つぼみのときにふくろをかけるわけ…花が開くと，めしべに花粉がついてしまうから。
▶花粉をつけた後に，またふくろをかけるわけ…花粉以外の条件(じょうけん)を同じにするため。

**1** 次の文は，花粉のはたらきについて書いたものです。（　）にあてはまることばを，
　　　　　から選んで書きましょう。

(1つ6点)

(1) めしべの先に花粉(かふん)がつくことを（　　　　　　）という。

(2) 受粉(じゅふん)しないと実は（　　　　　　　　）。

(3) 植物は実を結び，中にたくさんの①（　　　　　　　）を
　　つくることで②（　　　　　　　）を伝えていく。

(4) 花粉のはたらきを調べる実験をするときは，花が
　　（　　　　　　　　　　）ふくろをかける。

生命　　　　種子
できない　　　受粉
つぼみのうちに

**2** 下の図は，花粉のはたらきを調べるために，ツルレイシを受粉させたり，受粉させないようにした実験のようすを表したものです。これについて，次の問題に答えましょう。

（1つ10点）

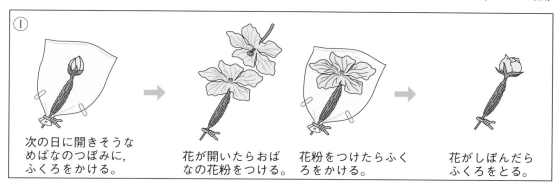

① 次の日に開きそうなめばなのつぼみに，ふくろをかける。 → 花が開いたらおばなの花粉をつける。 → 花粉をつけたらふくろをかける。 → 花がしぼんだらふくろをとる。

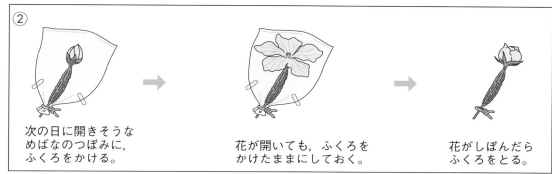

② 次の日に開きそうなめばなのつぼみに，ふくろをかける。 → 花が開いても，ふくろをかけたままにしておく。 → 花がしぼんだらふくろをとる。

(1) ①，②は，受粉させていますか，受粉させていませんか，それぞれ書きましょう。

① (　　　　　　　　　　　)

② (　　　　　　　　　　　)

(2) ①，②のうち，花がしぼんだ後，やがて実になるのはどちらですか。選びましょう。

(　　　)

**3** 次の文は，花粉のはたらきを調べる実験で，花にふくろをかけることについて書いたものです。正しいものには○を，まちがっているものには×を書きましょう。

（1つ10点）

(1) (　　　) つぼみのうちにふくろをかけるのは，花粉がたくさんできるようにするため。

(2) (　　　) つぼみのうちにふくろをかけるのは，花が開いたときに花粉がついてしまうのをふせぐため。

(3) (　　　) 花粉をつけた後，またふくろをかけるのは，花粉以外の条件を同じにするため。

(4) (　　　) 花粉をつけた後，またふくろをかけるのは，花を守るため。

答え➡別冊解答6ページ

得点

/100点

# 20 花粉のはたらき②

**1** 下の図は，ツルレイシとアサガオを使って，花粉のはたらきを調べる実験を表したものです。これについて，次の問題に答えましょう。　（1つ10点，(2)は両方できて10点）

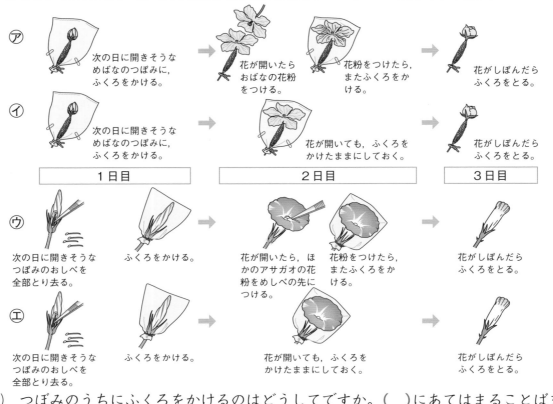

㋐　次の日に開きそうなめばなのつぼみに，ふくろをかける。　花が開いたらおばなの花粉をつける。　花粉をつけたら，またふくろをかける。　花がしぼんだらふくろをとる。

㋑　次の日に開きそうなめばなのつぼみに，ふくろをかける。　花が開いても，ふくろをかけたままにしておく。　花がしぼんだらふくろをとる。

1日目　　2日目　　3日目

㋒　次の日に開きそうなつぼみのおしべを全部とり去る。　ふくろをかける。　花が開いたら，ほかのアサガオの花粉をめしべの先につける。　花粉をつけたら，またふくろをかける。　花がしぼんだらふくろをとる。

㋓　次の日に開きそうなつぼみのおしべを全部とり去る。　ふくろをかける。　花が開いても，ふくろをかけたままにしておく。　花がしぼんだらふくろをとる。

(1)　つぼみのうちにふくろをかけるのはどうしてですか。（　）にあてはまることばを書きましょう。

〔　花が開いたときに（　　　　　　）がつくのをふせぐため。〕

(2)　花がしぼんだ後，実にならないのは㋐〜㋓のどれですか。2つ選びましょう。

（　　　）（　　　）

(3)　(2)で選んだ花が実にならないのはどうしてですか。次の㋐〜㋒から選びましょう。

㋐　花粉がめしべの先についたから。　　　　　　　　　　（　　　）

㋑　花粉がめしべの先につかなかったから。

㋒　花粉をめしべの先につけた後，ふくろをかけたから。

(4)　花がしぼんだ後にできた実の中には，何ができますか。（　　　　　　　　　）

(5)　(4)で答えたものは，どんなはたらきをしますか。次の㋐〜㋓から選びましょう。

㋐　まわりの植物の肥料となる。　　㋑　水をたくわえる。　　（　　　）

㋒　生命を伝えていく。　　　　　　㋓　花粉になる。

## 2　花粉のはたらきについて，次の問題に答えましょう。

（１つ10点）

(1)　めしべの先に花粉がつくことを何といいますか。　（　　　　　　）

(2)　(1)のことは，何と関係していますか。次の㋐～㋓から選びましょう。

㋐　花がさくか，さかないか。　（　　）

㋑　花がしぼむか，しぼまないか。

㋒　大きな実ができるか，小さな実ができるか。

㋓　実ができるか，できないか。

(3)　アサガオの花粉のはたらきを調べる実験では，右の図のように，次の日に開きそうなつぼみのおしべを全部とり去り，ふくろをかけておきます。このようにするのはどうしてですか。次の㋐～㋓から選びましょう。　（　　）

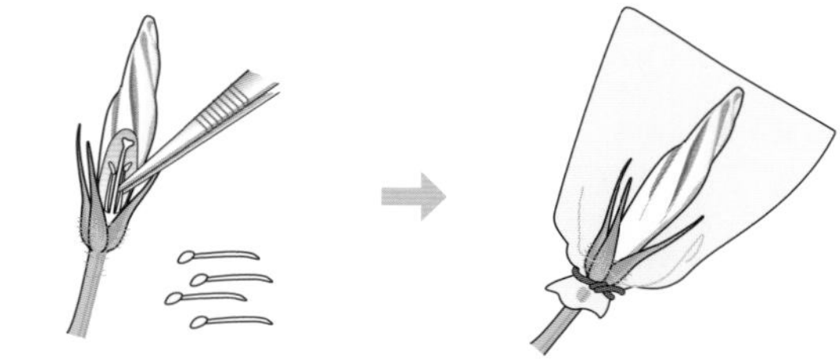

次の日に開きそうなつぼみのおしべを全部とり去る。

ふくろをかける。

㋐　めしべに花粉がつかないようにするため。

㋑　おしべに花粉がつかないようにするため。

㋒　花がさくときに，おしべがじゃまにならないようにするため。

㋓　実ができるときに，おしべがじゃまにならないようにするため。

(4)　花粉のはたらきについて確(たし)かめるため，アサガオの２つのつぼみを(3)のようにし，そのうちの１つだけは，花が開いてからふくろをとり，ほかのアサガオの花粉をつけ，もういちどふくろをかけました。もう１つの花は，ふくろをかけたままにしました。

①　花がしぼんだ後，実になるのは，花粉をつけた花と，つけなかった花のどちらですか。　（　　　　　　）

②　花粉をつけた後，もういちどふくろをかけたのはどうしてですか。次の㋐～㋓から選びましょう。　（　　）

㋐　花を風などから守るため。

㋑　花を寒さなどから守るため。

㋒　つけた花粉がとばされないようにするため。

㋓　花粉をつけなかった花と，花粉以外の条件(じょうけん)を同じにするため。

答え➡別冊解答6ページ

# 21 けんび鏡の使い方①

得点

/100点

覚えよう

## けんび鏡の使い方

❶ 対物レンズをいちばん低い倍率にする。接眼レンズをのぞきながら，反しゃ鏡を動かして，明るくする。

❷ スライドガラスをステージの上に置く。

❸ 横から見ながら調節ねじを回し，対物レンズとスライドガラスの間をせまくする。

❹ 接眼レンズをのぞきながら，調節ねじを回し，対物レンズとスライドガラスの間を少しずつ広げ，ピントを合わせる。対物レンズや接眼レンズを変えると，倍率が変わる。

### ステージ（のせ台）を動かすけんび鏡　　　　つつを動かすけんび鏡

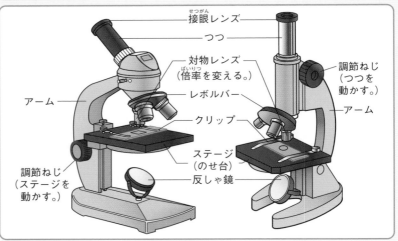

接眼レンズ
つつ
対物レンズ（倍率を変える。）
レボルバー
アーム
クリップ
ステージ（のせ台）
調節ねじ（ステージを動かす。）
反しゃ鏡
調節ねじ（つつを動かす。）
アーム

### けんび鏡の倍率

倍率＝接眼レンズの倍率×対物レンズの倍率

### けんび鏡で見える大きさと，見えるはんい

・倍率を上げると，見える大きさは大きくなる。
・倍率を上げると，見えるはんいはせまくなる。

### けんび鏡を使うときの注意

・目をいためるので，日光が直接当たるところでは使わない。
・運ぶときは両手で持つ。

---

**1** 右の図の，□にあてはまる部品の名前を，▨から選んで書きましょう。（1つ5点）

接眼レンズ　　つつ
対物レンズ　　ステージ
反しゃ鏡

ステージを動かすけんび鏡　　　　つつを動かすけんび鏡

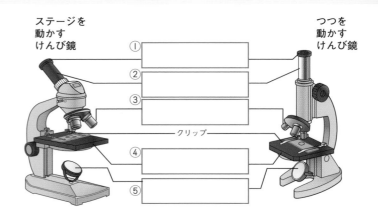

① □
② □
③ □
クリップ
④ □
⑤ □

## 2 次の図は，けんび鏡の使い方を表したものです。(　)にあてはまることばを，[　]から選んで書きましょう。同じことばを，くり返し使ってもかまいません。（1つ5点）

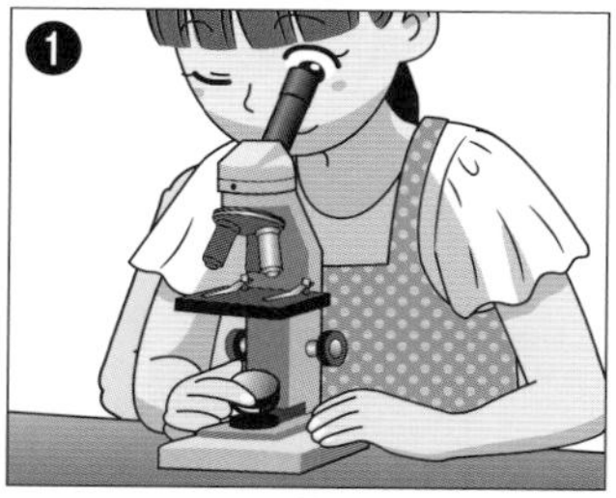

❶ 対物レンズをいちばん①(　　　　)倍率(ばいりつ)にする。②(　　　　)をのぞきながら，③(　　　　)の向きを変えて，明るく見えるようにする。

↓

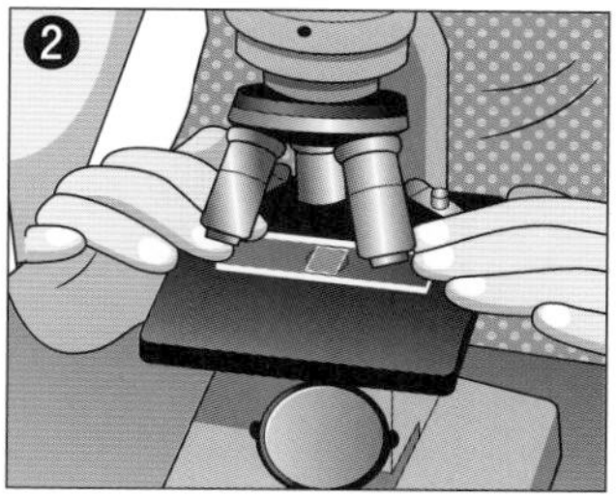

❷ スライドガラスを④(　　　　)の上に置き，見ようとするところが，あなの中央にくるようにする。

↓

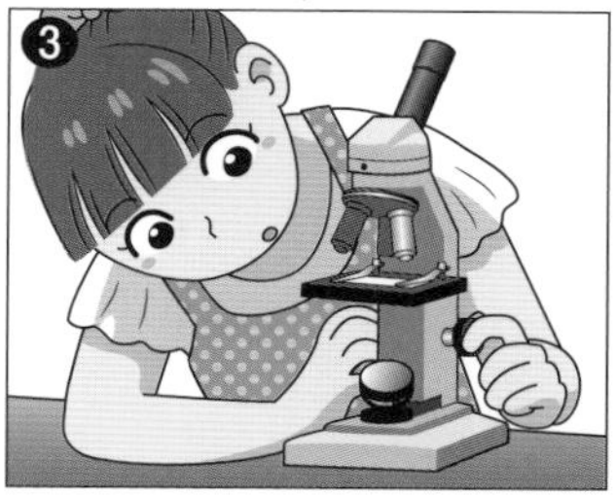

❸ 横から見ながら⑤(　　　　)を少しずつ回し，⑥(　　　　)とスライドガラスの間を⑦(　　　　)する。

↓

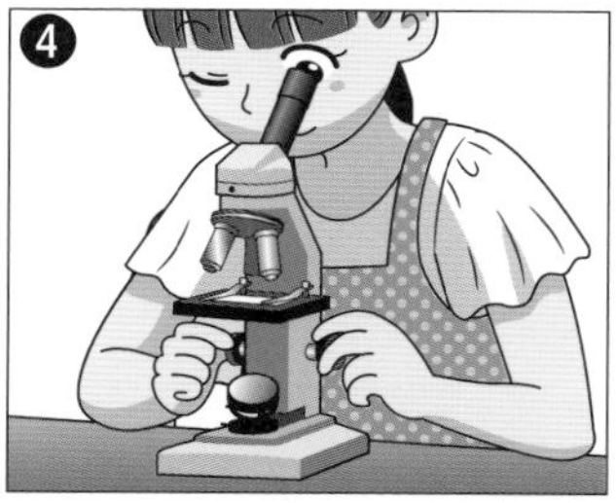

❹ ⑧(　　　　)をのぞきながら⑨(　　　　)を回し，対物レンズとスライドガラスの間を少しずつ⑩(　　　　)，ピントを合わせる。

調節ねじ
対物レンズ
接眼レンズ
反しゃ鏡
ステージ
近づけ
広げ
高い
低い
広く
せまく

## 3 次の文は，けんび鏡の使い方について書いたものです。(　)にあてはまることばを，[　]から選んで書きましょう。（1つ5点）

(1) けんび鏡は，日光が(　　　　)明るい場所に置いて使う。

(2) けんび鏡の倍率は，次の式で表すことができる。

倍率＝(　　　　)×(　　　　)

(3) けんび鏡の倍率を上げると，見える大きさは①(　　　　)なる。見えるはんいは②(　　　　)なる。

直接(ちょくせつ)当たらない
直接当たる　大きく
広く　せまく　小さく
対物レンズの倍率
接眼レンズの倍率

答え➡別冊解答6ページ

# 22 けんび鏡の使い方②

得点

/100点

**1** 次の文は，けんび鏡の使い方を順に書いたものです。（　）にあてはまることばを，右の図から選んで書きましょう。同じことばを，くり返し使ってもかまいません。 （1つ6点）

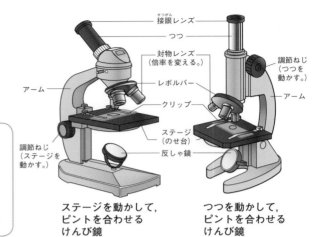

接眼レンズ
つつ
対物レンズ（倍率を変える。）
調節ねじ（つつを動かす。）
アーム
レボルバー
アーム
クリップ
ステージ（のせ台）
調節ねじ（ステージを動かす。）
反しゃ鏡

ステージを動かして，ピントを合わせるけんび鏡

つつを動かして，ピントを合わせるけんび鏡

対物レンズをいちばん低い倍率にする。①（　　　　　）をのぞきながら②（　　　　　）の向きを変えて，明るく見えるようにする。

⬇

スライドガラスを③（　　　　　）の上に置き，見ようとするところが，あなの中央にくるようにする。

⬇

横から見ながら④（　　　　　）を少しずつ回し，⑤（　　　　　）とスライドガラスの間をせまくする。

⬇

⑥（　　　　　）をのぞきながら，⑦（　　　　　）を回し，⑧（　　　　　）とスライドガラスの間を少しずつ広げ，ピントを合わせる。

**2** けんび鏡の倍率について，次の問題に答えましょう。

（1つ4点）

(1) 接眼レンズの倍率が10倍，対物レンズの倍率が20倍でした。このとき，けんび鏡の倍率は何倍ですか。 （　　　　　）

(2) 見える大きさを大きくするためには，けんび鏡の倍率は上げますか，下げますか。 （　　　　　）

(3) 倍率を上げると，見えるはんいは広くなりますか，せまくなりますか。 （　　　　　）

## [3] けんび鏡の使い方について，次の問題に答えましょう。　（１つ８点）

(1) けんび鏡を使うときは，はじめは低い倍率にしますか，高い倍率にしますか。
（　　　　　　）

(2) けんび鏡をのぞくと，暗くてあまり見えませんでした。何を調整すればよいですか。
（　　　　　　）

(3) ピントは，どのようにして合わせればよいですか。次の㋐～㋒から選びましょう。
（　　）

㋐ はじめに，横から見ながら調節ねじを少しずつ回し，対物レンズとスライドガラスの間を広くする。
次に，接眼レンズをのぞきながら調節ねじを回し，対物レンズとスライドガラスの間を少しずつせまくし，ピントを合わせる。

㋑ 対物レンズとスライドガラスの間はせまくても広くてもよい。
接眼レンズをのぞきながら，調節ねじを両方に回してピントを合わせる。

㋒ はじめに，横から見ながら調節ねじを少しずつ回し，対物レンズとスライドガラスの間をせまくする。
次に，接眼レンズをのぞきながら調節ねじを回し，対物レンズとスライドガラスの間を少しずつ広くし，ピントを合わせる。

(4) ピントは合いましたが，小さすぎてよく見えませんでした。倍率を上げるためにはどうすればよいですか。次の㋐～㋓から選びましょう。　（　　）

㋐ 反しゃ鏡の向きを変える。

㋑ 調節ねじを回す。

㋒ スライドガラスを動かす。

㋓ 対物レンズや接眼レンズを変える。

(5) 10倍の対物レンズと，10倍の接眼レンズを使って観察したところ，見えるはんいがせまくて全体が見えませんでした。見えるはんいを広くするためにはどうすればよいですか。次の㋐，㋑から選びましょう。　（　　）

㋐ 対物レンズを，５倍のものに変える。

㋑ 対物レンズを，30倍のものに変える。

答え➡別冊解答7ページ

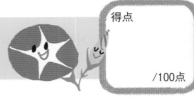

# 23 単元のまとめ

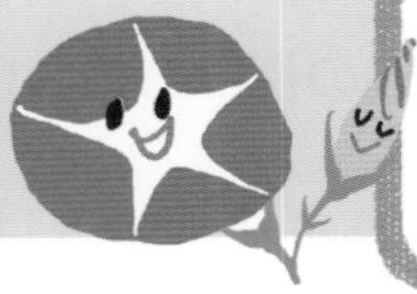

得点　　/100点

## 1 花のおしべやめしべについて，次の問題に答えましょう。

（1つ8点）

(1)　次の①～③は，おしべやめしべについて説明したものです。それぞれ，どちらについて説明したものか書きましょう。

①　先にふくろがあり，粉(こな)のようなものが出てくる。（　　　　）

②　もとのほうがふくらんでいる。（　　　　）

③　先は丸くねばねばしている。（　　　　）

(2)　(1)の①のふくろから出てくる，粉のようなものは何ですか。（　　　　）

(3)　ヘチマやツルレイシの花は，おしべだけあるものと，めしべだけあるものがあります。それぞれ何といいますか。

おしべだけある花（　　　　）

めしべだけある花（　　　　）

## 2 下の図のように，めしべの先に花粉(かふん)をつけたアサガオと，花粉をつけなかったアサガオがどうなるかを調べました。これについて，次の問題に答えましょう。（1つ8点）

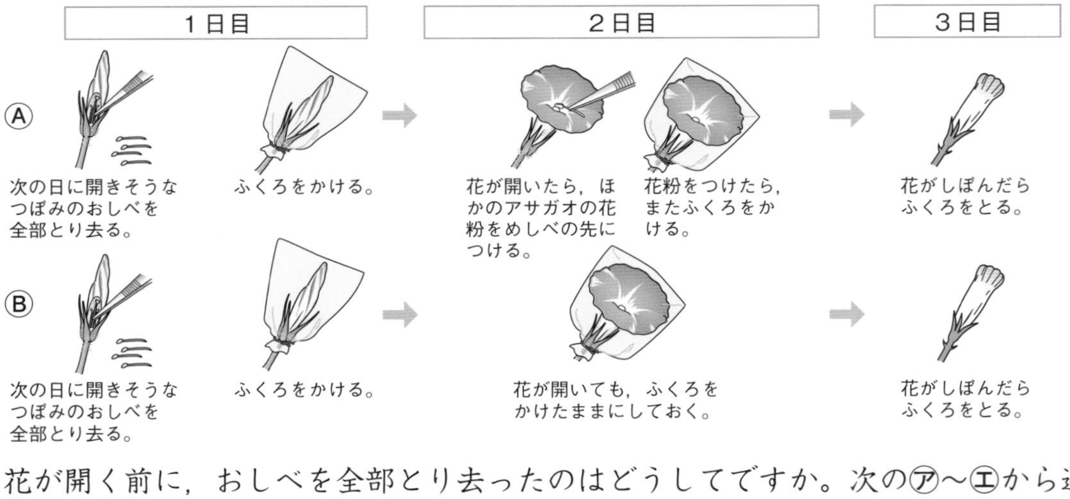


(1)　花が開く前に，おしべを全部とり去ったのはどうしてですか。次の㋐～㋓から選びましょう。（　　）

㋐　実ができやすくするため。

㋑　花粉がほかに飛んでいってしまうのを防(ふせ)ぐため。

㋒　花粉がめしべについてしまうのを防ぐため。

㋓　ふくろをかけても，花がよく開くようにするため。

(2)　花が開く前に，ふくろをかけておくのはどうしてですか。次の㋐～㋓から選びましょう。　(　　)

㋐　花粉がほかに飛んでいってしまうのを防ぐため。

㋑　つぼみをあたためて，花がよく開くようにするため。

㋒　飛んできた花粉がめしべにつくのを防ぐため。

㋓　その花の花粉がめしべにつくのを防ぐため。

(3)　花がしぼんだ後，実ができるのは，Ⓐ，Ⓑのどちらの花ですか。　(　　)

## 3

**右の図のように，ツルレイシのめばなのめしべに花粉をつけたときと，つけないときのちがいを調べました。これについて，次の問題に答えましょう。**

（1つ7点）

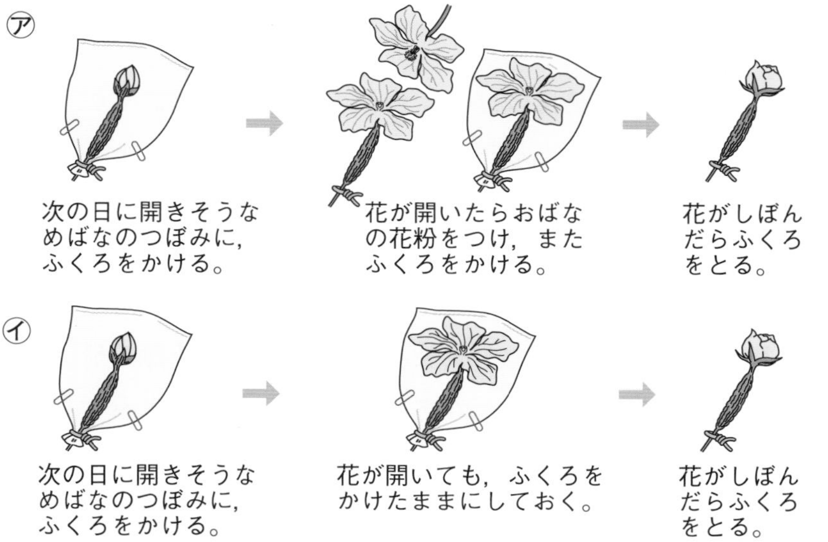

㋐
次の日に開きそうなめばなのつぼみに，ふくろをかける。
花が開いたらおばなの花粉をつけ，またふくろをかける。
花がしぼんだらふくろをとる。
㋑
次の日に開きそうなめばなのつぼみに，ふくろをかける。
花が開いても，ふくろをかけたままにしておく。
花がしぼんだらふくろをとる。


(1)　花粉はどこでつくられますか。次の㋐～㋓から選びましょう。　(　　)

㋐　がく　　　　㋑　花びら

㋒　めしべ　　　㋓　おしべ

(2)　めしべの先に花粉がつくことを，何といいますか。　(　　　　　)

(3)　図の㋐，㋑のうち，花がしぼんだ後，実になるのはどちらですか。　(　　)

(4)　この実験から，ツルレイシに実ができるためには，何が必要だとわかりますか。次の㋐～㋓から選びましょう。　(　　)

㋐　めしべの先に，花粉がつかないようにすること。

㋑　めしべの先に，花粉がつくこと。

㋒　めばなにふくろをかけておくこと。

㋓　めばながさかないようにすること。

# スギの花粉

## 人間が引き起こした花粉症

　花粉というと，「花粉症」を思い出す人も多いことでしょう。花粉症とは，特定の花粉に体が反応してしまい，目のかゆみや鼻水，くしゃみなどが出るアレルギー症状のことです。

　花粉症を起こす花粉にはいくつかの種類がありますが，日本で特に問題となっているのは，スギ花粉による花粉症です。実は，昔はスギ花粉による花粉症の人はあまりいませんでした。それが急に増えたのには，わけがあります。

　もともと日本の森林には，スギは今ほど多くありませんでした。しかし，スギの木は木材として使いやすいため，山の木を切ってさかんにスギの木を植えたのです。やがて植えられたスギの木が成長し，たくさんの花粉を飛ばし始めたというわけです。

　現在，花粉の少ないスギの木に植えかえる取り組みなども行われていますが，残念ながらまだはっきりとした効果は現れていません。

▶花粉を飛ばすスギの木

この単元では，めしべとおしべ，花粉（かふん）のはたらきなどについて学習しました。ここでは，スギの花粉について調べます。

## スギの木に果実はできないの？

　ところで，花粉が出るということはスギにも花がさくのでしょうか。でもサクラやウメのような美しい花がさいたスギの木は見たことがありませんね。それに，スギの木に果実がなったという話も聞いたことがありません。

　スギの花はおばなとめばなに分かれています。おばなは米粒（こめつぶ）のような形をしており，長さは1cmたらずです。めばなは直径が2cmほどの球形で，表面はイガイガしています。スギの花は，おばなにもめばなにも，美しい花びらはありません。

　また，サクラなど花が終わった後に果実ができる植物は，めしべの根元に子房（しぼう）とよばれる部分があります。受粉するとこの子房が成長し，果実になります。また，子房の中には胚珠（はいしゅ）とよばれる部分があり，これが種子になります。このように，胚珠が子房でおおわれている植物を被子植物（ひし）といいます。サクラやアブラナ，イネなどは被子植物のなかまです。

　スギのめばなには子房がなく，胚珠がむきだしになっています。このような植物を裸子植物（らし）といいます。マツやイチョウ，ソテツなどもスギと同じ裸子植物のなかまです。

　これらの植物には子房がないので，受粉しても果実はできないのです。

▲スギのおばな

▲スギのめばな

答え➡ 別冊解答7ページ

# 24 天気の変化のきまり①

得点

/100点

覚えよう

## 春や秋の日本付近の天気の変化

- ・天気の変化を知るための気象情報には「気象衛星の雲画像」「アメダスの雨量情報」「各地の天気」がある。
- ・春や秋，日本付近では，雲はおよそ西から東へ動く。
- ・天気も，雲の動きにつれて，西のほうから変わってくることが多い。

### 気象衛星の雲画像

気象衛星からの情報をもとに，雲のようすを表したもの。白い部分が雲で，下の写真では雲が西から東へ動いていることがわかる。

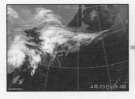 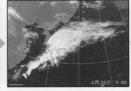 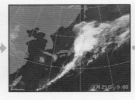 

### アメダスの雨量情報

各地の雨の量（雨の強弱）を自動的にはかり，雨がふっている地いきを表したもの。下の図のように雲の動きとともに，雨がふっているところも移り変わっていくことがわかる。

 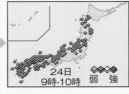 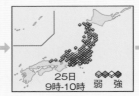 

### 各地の天気

雲の動きとともに，天気も変わっている。

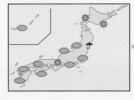 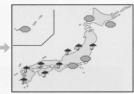 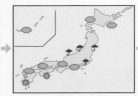 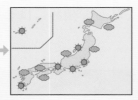

## 1

右の図は，それぞれ何という気象情報ですか。▢から選んで書きましょう。

（1つ10点）

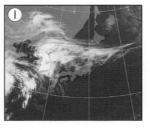  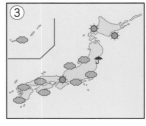

（　　　　　　）（　　　　　　）（　　　　　　）

各地の天気　　気象衛星の雲画像　　アメダスの雨量情報

**2** 下の雲画像や図は，春や秋の日本付近の雲のようすや各地の雨量情報，各地の天気のようすです。これを見て，次の文の（ ）にあてはまることばを，▨▨▨から選んで書きましょう。

（1つ5点）

(1) 気象衛星の雲画像は，気象衛星からの情報をもとに①（　　　）のようすを表したもので，②（　　　）部分が雲である。また，方角は上が北で，向かって左が③（　　　），向かって右が④（　　　）である。

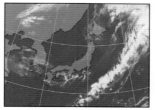

気象衛星の雲画像

アメダスの雨量情報

26日
9時-10時　　弱　強

(2) アメダスの雨量情報は，各地の（　　　）の量を自動的にはかり，雨がふっている地いきを表している。

(3) 現在の各地の天気の情報と，気象衛星の雲画像などを比べると，雲の動きとともに，（　　　）も変わっていることがわかる。

現在の各地の天気の情報

| 雲 | 雨 | 天気 | 白い | 青い | 東 | 西 |
|---|---|---|---|---|---|---|

**3** 次の文は，春や秋の日本付近の天気の変化について書いたものです。（ ）にあてはまることばを，▨▨▨から選んで書きましょう。同じことばを，くり返し使ってもかまいません。

（1つ8点）

(1) 春や秋，日本付近では，雲はおよそ①（　　　）から，②（　　　）へ動く。

(2) 天気も，雲の動きにつれて，（　　　）のほうから変わってくることが多い。

| 東 | 南 | 西 | 北 |
|---|---|---|---|

**4** 次の文は，天気の変化を知るための気象情報について書いたものです。それぞれ，何という気象情報について書いたものですか。▨▨▨から選んで書きましょう。（1つ8点）

(1) 気象衛星からの情報をもとに，雲のようすを表したもの。

（　　　　　　　）

(2) 各地の雨の量を自動的にはかって，雨がふっている地いきを表したもの。

（　　　　　　　）

| アメダスの雨量情報 | 気象衛星の雲画像 |
|---|---|

答え➡ 別冊解答7ページ

# 25 天気の変化のきまり②

得点

/100点

**1** 右の図は，ある日の気象衛星の雲画像です。これについて，次の問題に答えましょう。　（1つ8点）

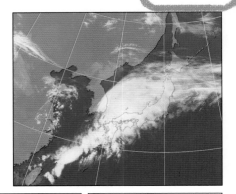

(1)　この日の雨のようすを表したアメダスの雨量情報はどれですか。下の㋐〜㋓から選びましょう。

（　　　）

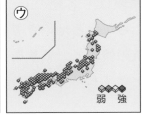

(2)　この日の各地の天気のようすはどうなっていますか。次の㋕〜㋖から選びましょう。

（　　　）

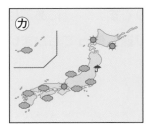
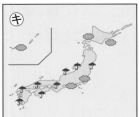
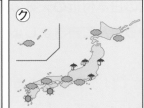
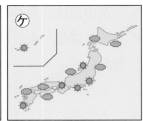

**2** 右の図は，春のある日の気象衛星の雲画像です。これについて，次の問題に答えましょう。　（1つ10点）

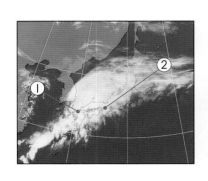

(1)　この日の天気は，全国的に晴れか，くもりや雨のどちらですか。　　　　　（　　　　　　　　）

(2)　図の①，②の場所の天気について，正しいものはどれですか。次の㋐〜㋒から選びましょう。

①（　　　）　②（　　　）

㋐　雲が広がり，しばらく雨がふり続く。

㋑　雨がふり続いていたが，これから晴れてくる。

㋒　このところ，ずっと晴れの日が続いている。

**3** 下の図は，ある４日間の気象衛星の雲画像ですが，日付の順にならんでいません。これについて，次の問題に答えましょう。 　　　　　　　　　　　　　　（１つ10点）

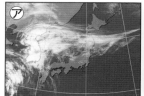 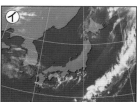 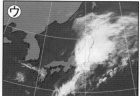 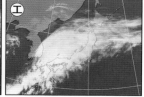

(1) 上の雲画像を，日付の順にならべるとどうなりますか。㋐〜㋓を書きましょう。

（ 　㋐　→ 　　　　 → 　　　　 → 　　　　 ）

(2) 下の図は，上の雲画像と同じ４日間の，アメダスの雨量情報です。日付の順にならべるとどうなりますか。㋖〜㋘を書きましょう。

（ 　㋕　→ 　　　　 → 　　　　 → 　　　　 ）

   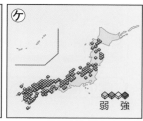

(3) 下の図は，上の雲画像と同じ４日間の，各地の天気のようすです。日付の順にならべるとどうなりますか。㋛〜㋜を書きましょう。

（ 　㋚　→ 　　　　 → 　　　　 → 　　　　 ）

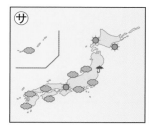  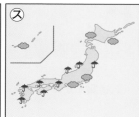 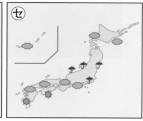

**4** 下の(1)〜(3)のようなとき，次の日の天気はどうなると考えられますか。「晴れ」か「雨」かを書きましょう。 　　　　　　　　　　　　　　　　　　（１つ８点）

(1) 気象衛星の雲画像を見ると，住んでいる地いきの西のほうに，大きな雲のかたまりがあることがわかった。 　　　　　　　　　　　　　　　（　　　　　）

(2) アメダスの雨量情報を見ると，雨がふっているのは，住んでいる地いきの東のほうだけであることがわかった。 　　　　　　　　　　　　（　　　　　）

(3) 夕方，西の空を見ると，よく晴れて，きれいな夕焼けを見ることができた。

（　　　　　）

# 26 天気の変化と雲①

答え➡別冊解答7ページ

得点

/100点

覚えよう

## 天気の決め方（晴れとくもり）

天気が晴れかくもりかは，空全体の雲の量で決める。空全体を10としたとき，雲の量が0〜8のときは「晴れ」，9〜10のときは「くもり」とする。

**晴　れ**

雲がない

雲が少ない

**くもり**

雲が多い

## 雲の種類と天気

雲にはいろいろな種類があり，雨をふらせる雲と，ふらせない雲がある。１日のうちでも，雲の形や量が変わると，天気も変わる。

**雨をふらせる雲の例**

らんそう雲
（雨雲）

積らん雲
（入道雲・かみなり雲）

**雨をふらせない雲の例**

積雲
（わた雲）

けん雲
（すじ雲）

## 集中ごう雨

同じ場所に数時間にわたって，大量の雨がふることを，集中ごう雨という。積らん雲が同じ場所で次々と発生，発達したときなどに起こる。

**1** 次の文は，天気の決め方について書いたものです。（　）にあてはまることばを，□□□から選んで書きましょう。

（１つ10点）

天気が晴れかくもりかは，
① （　　　　　　）に見える
② （　　　　　　）の量で決める。

空全体　　真上の空　　雲　　雨

**2** 下の写真は，いろいろな空のようすです。それぞれ天気は何ですか。□にあてはまることばを，▭から選んで書きましょう。同じことばを，くり返し使ってもかまいません。

（1つ10点）

雲がない

雲が少ない

雲が多い

① □

② □

③ □

晴れ
くもり

**3** 下の写真は，いろいろな雲のようすです。これについて，次の問題に答えましょう。

（1つ10点）

けん雲
（すじ雲）

積らん雲
（入道雲・かみなり雲）

積雲
（わた雲）

らんそう雲
（雨雲）

(1) 上の4種類の雲を，雨をふらせる雲と，ふらせない雲にわけ，それぞれ名前を書きましょう。

① 雨をふらせる雲 （ 　　　　　　　　　　　　　　 ）

② 雨をふらせない雲 （ 　　　　　　　　　　　　　　 ）

(2) 次の文は，雲の種類と天気について書いたものです。（ ）にあてはまることばを，▭から選んで書きましょう。

雲にはいろいろな種類があり，雨をふらせる雲と，ふらせない雲がある。1日のうちでも，雲の
① （ 　　　　　 ）や雲の② （ 　　　　　 ）が変わると，③ （ 　　　　　 ）も変わる。

天気　　形
星ざ　　量

答え➡別冊解答8ページ

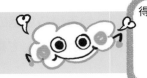

# 27 天気の変化と雲②

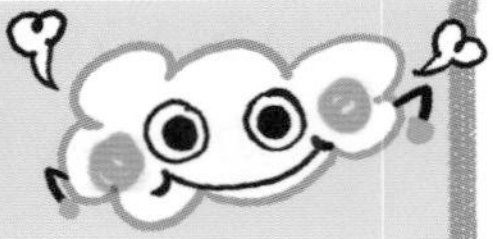

得点

/100点

## 1 下の写真は，いろいろな雲のようすです。これについて，次の問題に答えましょう。

（１つ10点）

㋐

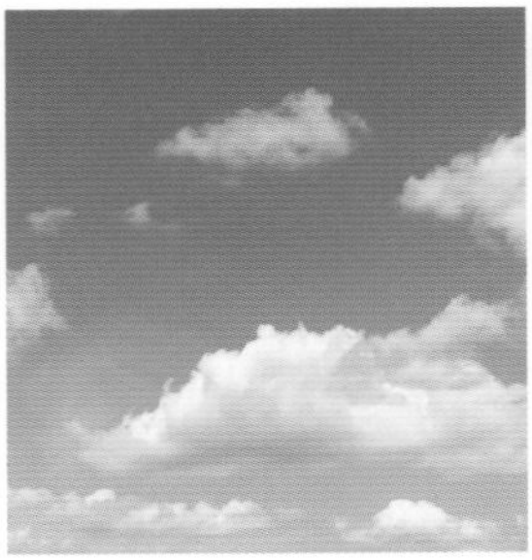

㋑

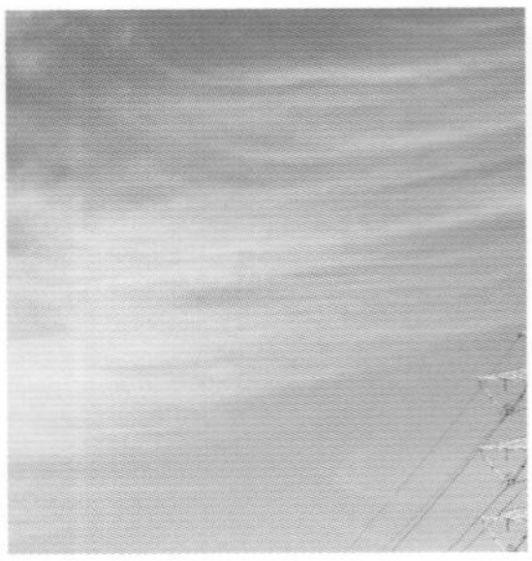

㋒

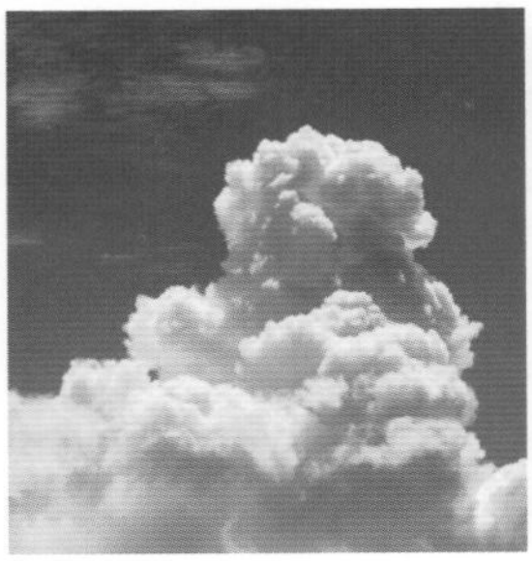

㋓

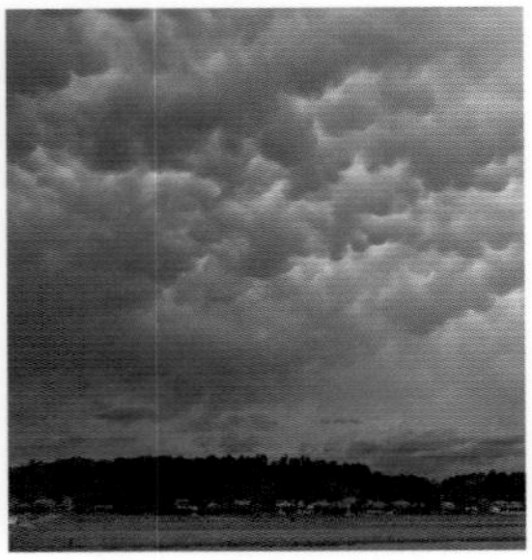

⑴　上の写真のうち，らんそう雲(うん)はどれですか。㋐～㋓から選びましょう。（　　）

⑵　㋐～㋓の雲は，雨をふらせますか，ふらせませんか。それぞれ書きましょう。

㋐（　　　　）　㋑（　　　　）

㋒（　　　　）　㋓（　　　　）

## 2 １日の天気のようすを調べます。これについて，次の問題に答えましょう。

（１つ５点）

⑴　天気が晴れかくもりかを決めるためには，何を調べますか。次の㋐～㋓から選びましょう。（　　）

㋐　真上の空に，雲があるかないか。

㋑　真上の空に，どんな種類の雲があるか。

㋒　空全体の雲が，どんな色をしているか。

㋓　空全体の雲の量が，多いか少ないか。

⑵　天気の変化について正しく説明したものを，次の㋐～㋒から選びましょう。

（　　）

㋐　１日のうちで天気が変わるのは，太陽の見える位置が変わるからである。

㋑　１日のうちで天気が変わるのは，雲の形や量が変わるからである。

㋒　１日のうちで天気が変わることはない。

**3** 右の写真は，ある日見られた雲のようすで，空全体がこの雲でおおわれていましたが，雨はふっていませんでした。これについて，次の問題に答えましょう。　　　　　（1つ10点）

(1) 空のようすが右の写真のようであったときの天気は何ですか。　　（　　　　　）

(2) この雲が見られたとき，これからどのような天気になると考えられますか。正しいものを，次の㋐～㋒から選びましょう。
　　　　　　　　　　　　　（　　　　　）

　㋐　この雲におおわれたままならば，雨がふることはない。

　㋑　この雲におおわれたままならば，雨がふるかもしれない。

　㋒　この雲が見られたときは，必ずすぐに晴れてくる。

(3) 雲の観察と天気の予測について，どのようなことがいえますか。正しいものを，次の㋐～㋒から選びましょう。　　　　　　　　　　　（　　　　　）

　㋐　雲の種類や量を観察しても，天気の変化を予測することはできない。

　㋑　雲の種類や量を観察すると，天気の変化を予測する手がかりとすることができる。

　㋒　雲の種類や量と，天気とは，まったく関係していない。

**4** 右の写真は，ある日の朝と夕方の空のようすです。これについて，次の問題に答えましょう。
　　　　　（1つ5点）

(1) 夕方，空いっぱいに広がっていた雲は何ですか。雲の名前を書きましょう。

　（　　　　　　　　　　　）

(2) この日の天気について正しく説明したものを，次の㋐～㋔から選びましょう。

　㋐　朝は晴れだったが，夕方はくもりになった。　　（　　　　　）

　㋑　朝はくもりだったが，夕方は晴れになった。

　㋒　朝も夕方もくもりだった。

　㋔　朝も夕方も晴れだった。

答え➡別冊解答8ページ

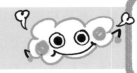

得点　　/100点

# 28 台風と天気の変化①

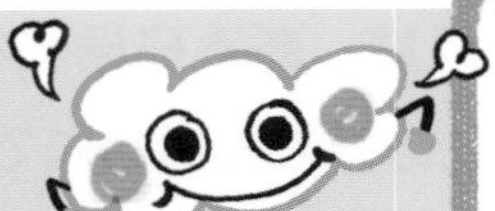

覚えよう

**台　風**
・台風は，夏から秋にかけて，日本付近を通過したり，日本に上陸することもある。
・台風が動くにつれて，雨が強くふる地いきも移り変わっていく。

**台風の進み方を表す気象衛星の雲画像とアメダスの雨量情報**

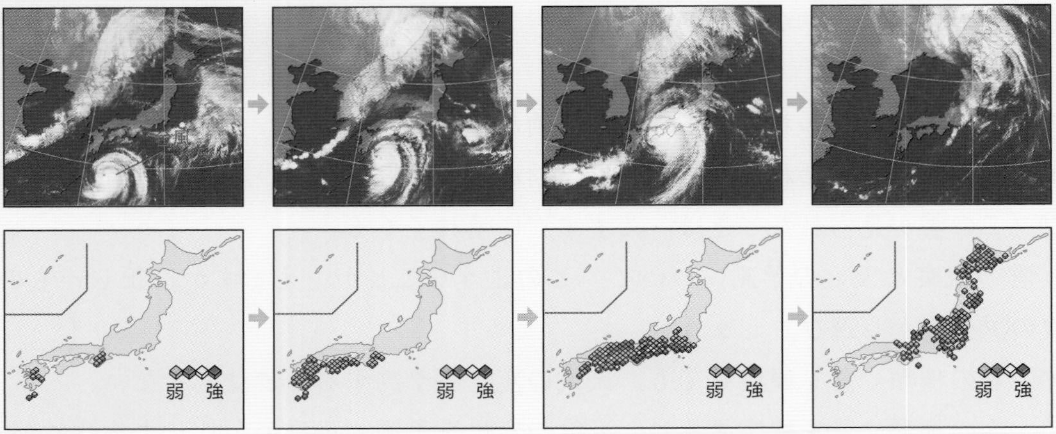


**台風の進路**

台風は次のような進路をとることが多い。
①日本の南のほうで発生する。
②はじめは西のほうへ動く。
③やがて北や東のほうへ動く。

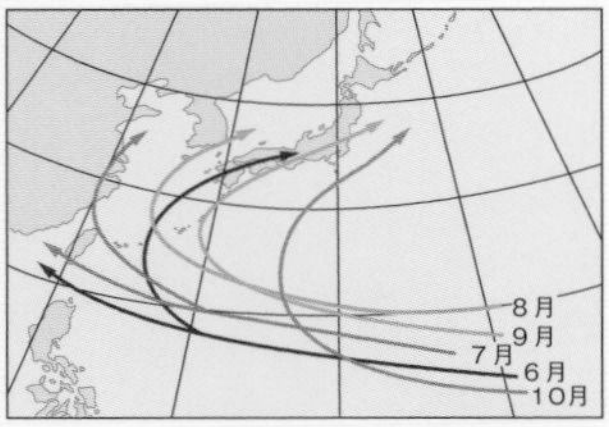

過去に発生した台風の月ごとのおもな進路

**台風による災害**

台風がもたらす強風や大雨で，災害が起きることがある。

**台風によるめぐみ**

台風によってふるたくさんの雨は，大切な水しげんでもある。

**台風に備える**

ハザードマップで調べておく。

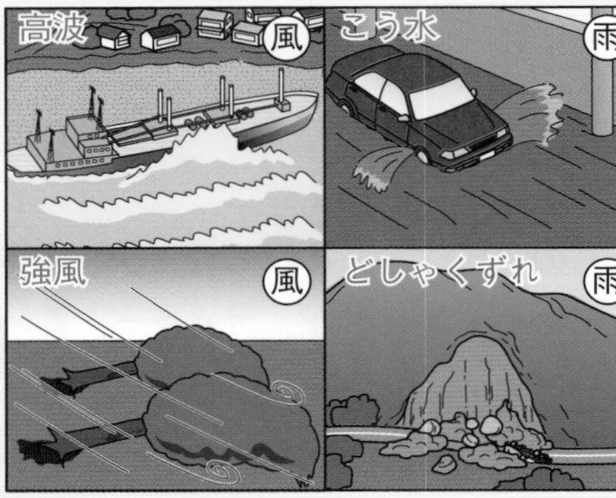

台風による災害の例

**1** 右の図は，台風が日本付近にあるときの雲画像です。台風の雲は㋐，㋑のどちらですか。

（10点）

（　　）

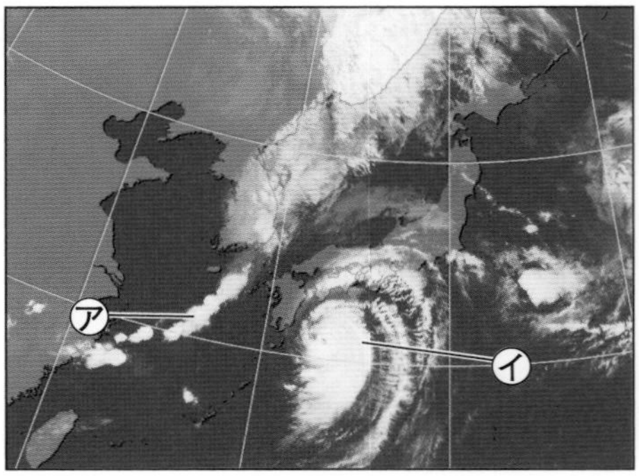

**2** 次の文は，台風について書いたものです。（ ）にあてはまることばを，◻️から選んで書きましょう。 （1つ10点）

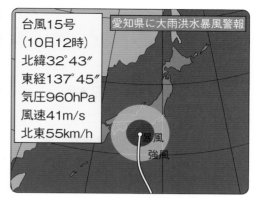

台風15号
（10日12時）
北緯32°43″
東経137°45″
気圧960hPa
風速41m/s
北東55km/h

愛知県に大雨洪水暴風警報

暴風
強風

(1) 台風が近づくと雨の量が①（　　　　　）くなり，風も②（　　　　　）くなる。

(2) 台風がもたらす①（　　　　　）や②（　　　　　）で，災害（さいがい）が起きることがある。

| 寒さ　　強風　　大雨　　多　　少な　　強　　弱 |

**3** 次の文は，台風の進路について書いたものです。（ ）にあてはまることばを，◻️から選んで書きましょう。 （1つ5点）

(1) 台風は①（　　　　　　　）にかけて，日本付近を通過（つうか）したり，日本に②（　　　　　）したりすることがある。

(2) 台風は，日本の（　　　　　）のほうで発生する。

(3) 台風は，はじめは①（　　　　　）のほうへ動く。やがて，②（　　　　　）や③（　　　　　）のほうへ動く。

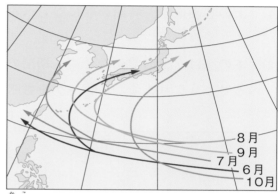

過去（かこ）に発生した台風の月ごとのおもな進路

8月
9月
7月
6月
10月

| 東　　西　　南　　北　　夏から秋　　秋から冬　　上陸 |

**4** 右の図は，台風の強風や大雨によって起こる災害を表したものです。これについて，次の問題に答えましょう。 （1つ10点）

(1) 台風の強風によって起きる災害はどれですか。右から2つ選んで書きましょう。
（　　　　　　　　　　　　　）

(2) 台風の大雨によって起きる災害はどれですか。右から2つ選んで書きましょう。
（　　　　　　　　　　　　　）

高波　　こう水
木などがたおれる　　どしゃくずれ

答え➡別冊解答8ページ

**29** # 台風と天気の変化②

得点

/100点

**1** 　下の図は，台風が日本付近にあるときの，気象衛星の雲画像ですが，時間の順になら んでいません。これについて，次の問題に答えましょう。　　　　　　　（1つ10点）

(1)　上の雲画像を，時間の順にならべるとどうなりますか。㋐〜㋓を書きましょう。

（　　　→　　　→　　　→　　　）

(2)　下の図は，上の雲画像と同じ期間の，アメダスの雨量情報です。時間の順になら べるとどうなりますか。㋕〜㋘を書きましょう。

（　　　→　　　→　　　→　　　）

(3)　台風の雲画像と，アメダスの雨量情報から，どのようなことがわかりますか。次 の㋐〜㋓から選びましょう。　　　　　　　　　　　　　　　　　（　　　）

㋐　台風の雨は中心近くのせまいはんいだけでふる。

㋑　台風が移動するにつれて，広いはんいで雨がふる。

㋒　台風は風は強いが，雨はあまりふらない。

㋓　台風が移動した後で，強い雨が長くふり続く。

**2** 　右の図は，台風が日本付近にあるときの，気象衛星 の雲画像です。この後，台風はどちらのほうへ動くと 考えられますか。図の㋐〜㋒から選びましょう。（5点）

（　　　）

## 3 右の図は，台風が日本付近にあるときの，気象衛星の雲画像です。これについて，次の問題に答えましょう。（１つ10点）

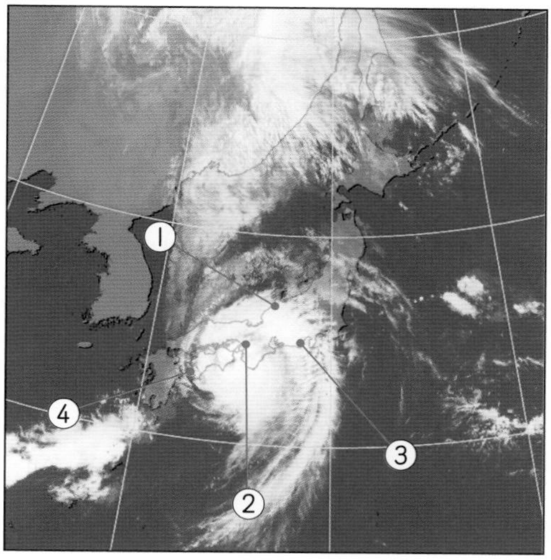


(1) 図の①，②の場所のようすについて正しいものを，次の㋐～㋒から選びましょう。

①（　　）
②（　　）

㋐ しだいに雨や風が強くなってきている。
㋑ 強風がふき，はげしい雨がふっている。
㋒ 風や雨がおさまり，晴れてきている。

(2) 図の③，④の場所のうち，まもなく雨がやんで晴れてくるのはどちらですか。

（　　）

(3) 台風の雲について正しいものを，次の㋐～㋒から選びましょう。（　　）

㋐ 台風の雲は，東西に細長く広がっている。
㋑ 台風の雲は，うずをまいて大きく広がっている。
㋒ 台風の雲は，雲画像ではあまり見えない。

(4) 台風が日本付近を通過（つうか）するのが多い季節は，いつからいつにかけてですか。

（　　　　　　　　　　　　　　）

## 4 台風とわたしたちのくらしとの関係について，次の問題に答えましょう。

（１つ５点）

(1) 右の図は，台風による災害（さいがい）のようすを表したものです。それぞれ，台風の強風と大雨のどちらによって起きる災害ですか。

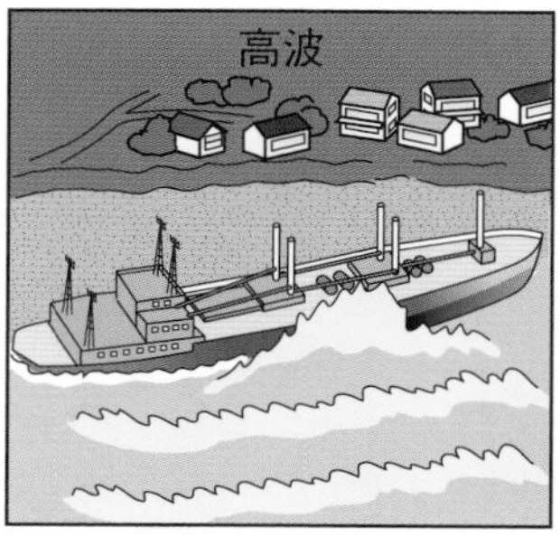


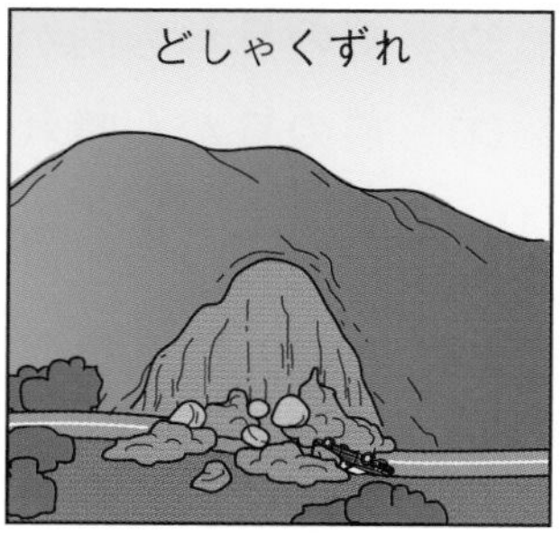


高波（　　　　）
どしゃくずれ（　　　　）

(2) 台風について正しいものを，次の㋐～㋒から選びましょう。（　　）

㋐ 台風による雨は，わたしたちの生活にはまったく役に立っていない。
㋑ 台風による災害はそれほど大きくないので，あまり注意する必要はない。
㋒ 台風による雨で水不足が解消（かいしょう）されることもある。

答え➡別冊解答8ページ

# 30 単元のまとめ

得点

/100点

**1** 右の図は，ある日の気象衛星の雲画像です。これについて，次の問題に答えましょう。 （1つ8点）

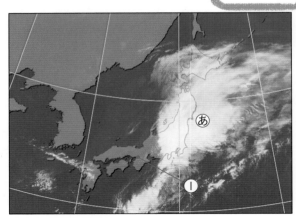

(1) 右の雲画像に写っている，白いかたまりのようなものは何ですか。

（　　　　　　　）

(2) この日の雨のようすを表したアメダスの雨量情報はどれですか。次の⑦〜⑤から選びましょう。 （　　）

(3) 雲画像の①の場所の天気はどのように変化しましたか。次の⑦〜⑤から選びましょう。 （　　）

⑦ 前の日は雨がふっていたが，しだいに天気がよくなってきた。

④ 前の日は晴れていたが，しだいに雨がふってきた。

⑦ 前の日から雨がふり続いている。

④ 前の日から晴れの天気が続いている。

(4) このあと，あの白いかたまりはどうなりますか。次の⑦〜⑤から選びましょう。 （　　）

⑦ 東のほうに移動していく。　　④ 西のほうに移動していく。

⑦ 南のほうに移動していく。　　④ 北のほうに移動していく。

(5) あの白いかたまりが(4)のように移動していくと，雨のふっている場所はどうなりますか。次の⑦〜⑦から選びましょう。 （　　）

⑦ あの白いかたまりと同じように移動していく。

④ あの白いかたまりとは反対の向きに移動していく。

⑦ あの白いかたまりとは関係なく移動していく。

## 2

下の図は，台風が日本付近にあるときの，気象衛星の雲画像です。これについて，次の問題に答えましょう。　（1つ8点）

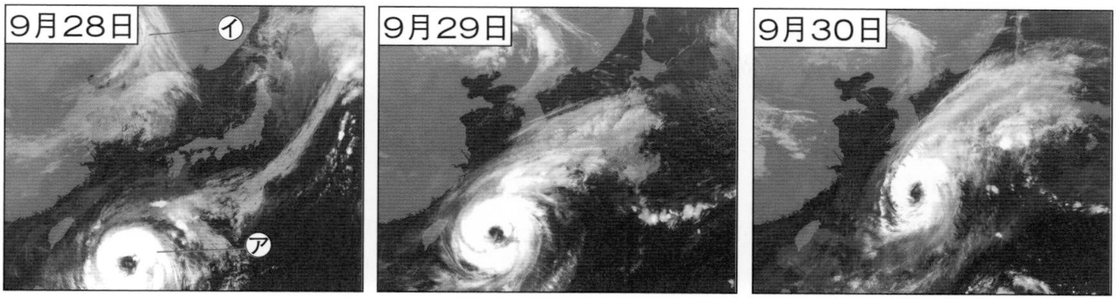


(1)　9月28日の雲画像で，台風の雲は，㋐，㋑のどちらですか。　(　　)

(2)　台風が動くと，雨が強くふる地いきはどうなりますか。次の㋐～㋒から選びましょう。　(　　)

㋐　台風が動いても，雨は同じ地いきで強くふり続ける。

㋑　台風が動くと，それにつれて雨が強くふる地いきも移(うつ)り変わる。

㋒　台風の動きとは関係なく，雨が強くふる地いきは移り変わる。

(3)　右の㋐，㋑の雲画像のうち，10月1日の雲画像はどちらですか。　(　　)

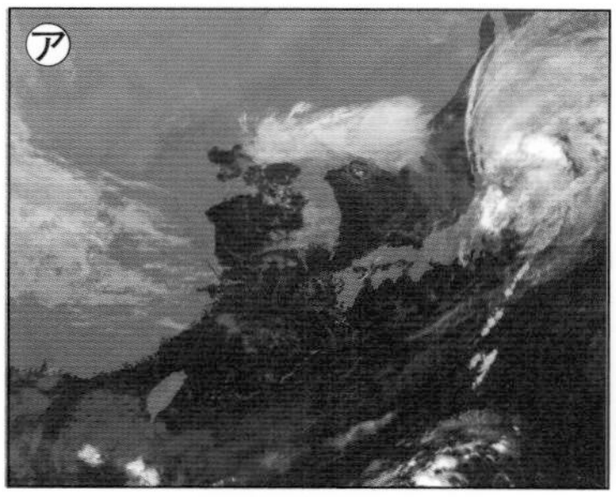


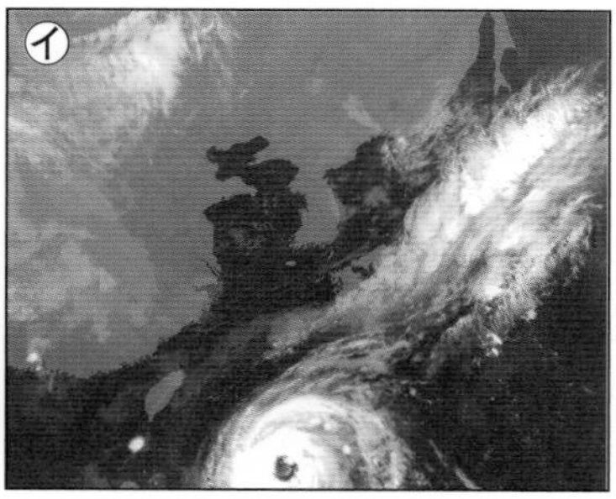


(4)　台風は災害(さいがい)をひき起こすだけでなく，わたしたちのくらしにめぐみをもたらします。それはどのようなめぐみですか。次の㋐～㋒から選びましょう。　(　　)

㋐　強風でごみなどがふき飛ばされる。

㋑　大雨が，大切な水しげんとなる。

㋒　大雨で，道路や校庭があらい流される。

## 3

次の文は，いろいろな雲について説明したものです。それぞれ，何という雲について説明していますか。次の㋐～㋓から選びましょう。　（1つ7点）

(1)　かみなり雲ともよばれ，雨をふらせる。　(　　)

(2)　すじ雲ともよばれ，雨はふらせない。　(　　)

(3)　雨雲ともよばれ，雨をふらせる。　(　　)

(4)　わた雲ともよばれ，雨をふらせない。　(　　)

㋐　らんそう雲(うん)　㋑　積(せき)らん雲(うん)　㋒　積雲(せきうん)　㋓　けん雲(うん)

# 31 水の流れの変化とはたらき①

覚えよう

## 流れる水のはたらき

流れる水には，3つのはたらきがある。

**しん食**　流れながら，周りの地面をけずるはたらき。

**運ぱん**　けずった土を運ぶはたらき。

**たい積**　運んだ土を積もらせるはたらき。

## 流れる水の速さとはたらき

流れる水の速さが変わると，水のはたらきの大きさも変わる。

### 流れが曲がっているところ

外側…流れが速く，しん食と運ぱんのはたらきが大きい。

内側…流れがおそく，たい積のはたらきが大きい。

➡外側がけずられ，内側に土や石が積もっていく。

### 流れが速いところ

しん食と運ぱんのはたらきが大きい。

➡地面が深くけずられる。

### 流れがおそいところ

たい積のはたらきが大きい。

➡土や石が積もっていく。

## 流れる水の量とはたらき

**水の量が多いとき**　流れが速くなるので，しん食と，運ぱんのはたらきが大きくなる。

➡地面のけずられ方が，大きく深くなる。

**水の量が少ないとき**　流れがおそくなるので，たい積のはたらきが大きくなる。

➡土や石が積もっていく。

---

**1** 次の文は，流れる水のはたらきについて書いたものです。（ ）にあてはまることばを，◯◯◯から選んで書きましょう。

（1つ6点）

(1) 流れる水には，流れながら周りの地面を（　　　　　）はたらきがある。

(2) 流れる水には，けずった土を（　　　　　）はたらきがある。

(3) 流れる水には，運んだ土を（　　　　　）はたらきがある。

運ぶ　　積もらせる　　けずる

**2** 右の図は，水が流れている
ようすを表したものです。( )
にあてはまることばを， から選んで書きましょう。同
じことばを，くり返し使って
もかまいません。 （1つ6点）

運ぱん　　たい積
しん食

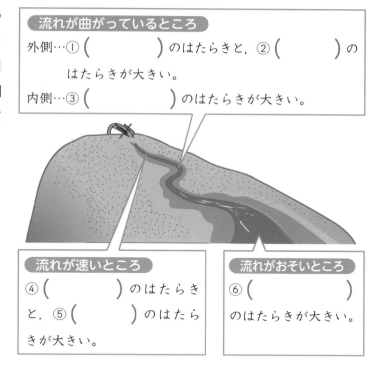

**流れが曲がっているところ**
外側…① ( ) のはたらきと，② ( ) の
はたらきが大きい。
内側…③ ( ) のはたらきが大きい。

**流れが速いところ**
④ ( ) のはたらき
と，⑤ ( ) のはたら
きが大きい。

**流れがおそいところ**
⑥ ( )
のはたらきが大きい。

**3** 次の文は，流れる水の速さとはたらきについて書いたものです。( )にあてはまるこ
とばを， から選んで書きましょう。同じことばを，くり返し使ってもかまいません。

（1つ6点）

(1) 水の流れる速さが ( ) いときは，周りの地面をけずるはたらきとけ
ずった土を運ぶはたらきが大きい。

(2) 水の流れる速さが ( ) いときは，運んだ土を積もらせ
るはたらきが大きい。

(3) 水の流れが曲がっているところでは，外側では流れる速さが
① ( ) く，② ( ) のはたらきと運ぱんのはた
らきが大きい。内側では流れる速さが③ ( ) く，
④ ( ) のはたらきが大きい。

おそ
速
たい積
運ぱん
しん食

**4** 次の文は，流れる水の量とはたらきについて書いたものです。( )にあてはまること
ばを， から選んで書きましょう。

（1つ5点）

(1) 水の量が多いときは流れが速くなるので，しん食のはたらきと
( ) のはたらきが大きくなる。

(2) 水の量が少ないときは流れがおそくなるので，
( ) のはたらきが大きくなる。

運ぱん
たい積
しん食

答え➡別冊解答9ページ

# 32 水の流れの変化とはたらき②

得点

/100点

**1** 右の図のように，水を流して水のはたらきを調べました。これについて，次の問題に答えましょう。

（1つ6点）

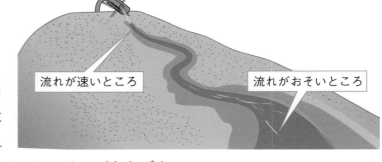

流れが速いところ

流れがおそいところ

(1) 流れる水の，しん食のはたらきが大きいのは，流れの速いところと，流れのおそいところのどちらですか。

（　　　　　）

(2) 流れる水の，運ぱんのはたらきが大きいのは，流れの速いところと，流れのおそいところのどちらですか。

（　　　　　）

(3) 流れる水の，たい積のはたらきが大きいのは，流れの速いところと，流れのおそいところのどちらですか。

（　　　　　）

**2** 水の量を変えながら水を流したときの，流れる水のはたらきの変化について調べました。これについて，次の問題に答えましょう。

（1つ6点）

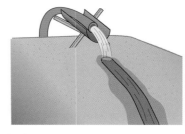

(1) 流す水の量を多くすると，流れる水の速さはどうなりますか。

（　　　　　）

(2) 流す水の量を多くすると，流れる水が，周りの土をけずるはたらきはどうなりますか。下の　　から選びましょう。

（　　　　　）

(3) 流す水の量を多くすると，流れる水が，けずった土を運ぶはたらきはどうなりますか。下の　　から選びましょう。

（　　　　　）

(4) 流す水の量を多くすると，流れる水が，運んだ土を積もらせるはたらきはどうなりますか。下の　　から選びましょう。

（　　　　　）

大きくなる。　　小さくなる。　　変わらない。

## 3 右の図のように，水が曲がって流れているところのようすについて，次の問題に答えましょう。

（１つ10点）

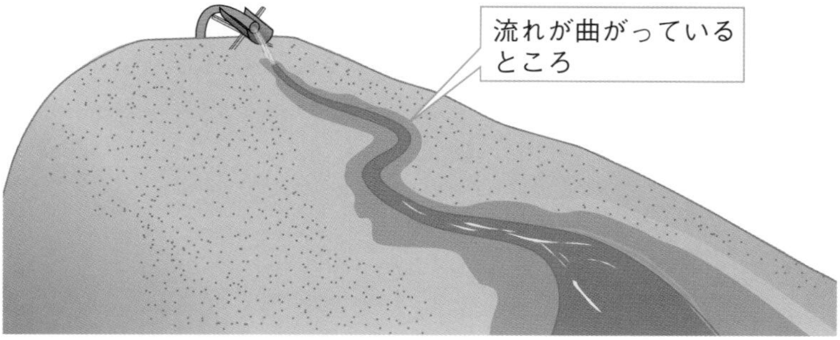


(1) 水の流れが速いのは，内側と外側のどちらですか。 (　　　　)

(2) 土や石が積もっていくのは，内側と外側のどちらですか。 (　　　　)

(3) 流れる水のはたらきのうち，内側よりも外側のほうが大きくなるのは何ですか。２つ書きましょう。 (　　　　)(　　　　)

## 4 雨がふったときの校庭のようすを調べました。これについて，次の問題に答えましょう。

（１つ６点）

(1) ふった雨がいきおいよく流れているところでは，地面のようすはどうなりますか。次の[ア]～[ウ]から選びましょう。 (　　)

[ア] 水の流れにそって，地面がけずられている。

[イ] 水の流れが速いところに，土などが積もっている。

[ウ] 水が流れているだけで，地面のようすは変わっていない。

(2) (1)のときよりも雨がはげしくふり，流れる水の量が増(ふ)えました。このとき，地面のようすはどうなりますか。次の[ア]～[ウ]から選びましょう。 (　　)

[ア] (1)のときよりも，地面が深くけずられる。

[イ] (1)のときよりも，地面が浅くけずられる。

[ウ] (1)のときと，地面のようすは変わらない。

(3) 雨がやんで，地面を流れる水がおだやかになったとき，水が流れていたところの地面のようすはどうなりますか。次の[ア]～[ウ]から選びましょう。 (　　)

[ア] (1)や(2)のときよりも，地面が深くけずられる。

[イ] (1)や(2)のときよりも，土などが積もっている。

[ウ] (1)や(2)のときと同じく，地面のようすは変わらない。

答え➡ 別冊解答9ページ

得点

/100点

# 33 川の水のはたらき①

覚えよう

## 川のようす

### 川のまっすぐなところ

・岸近くよりも，中ほどのほうが流れが速い。

・川底は，中ほどが深くなっている。

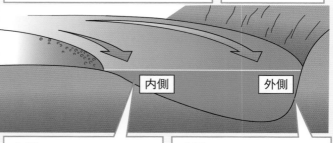

岸近く　中ほど　岸近く

岸近く
・流れがおそい。
・川原になっていることが多い。

中ほど
・流れが速い。
・川底が深い。

### 川の曲がっているところ

・内側…流れがおそく川原になっていることが多い。

・外側…流れが速く，けずられてがけになっていることが多い。

内側　外側

内側
・流れがおそい。
・川原になっていることが多い。

外側
・流れが速い。
・川底が深い。
・岸はがけになっていることが多い。

## 川の水のはたらき

**流れが速いところ**　しん食や，運ぱんのはたらきが大きくなる。

**流れがおそいところ**　たい積のはたらきが大きくなる。

---

**1** 右の図は，川がまっすぐに流れているところの断面を表したものです。（　）にあてはまることばを，□から選んで書きましょう。　（1つ5点）

| 川原 | がけ |
|---|---|
| 速い | おそい |
| 深い | 浅い |

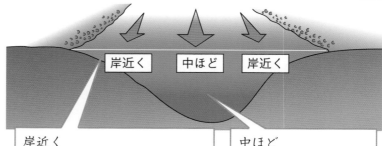

岸近く　中ほど　岸近く

岸近く
・流れの速さが
　①（　　　　　）。
・岸は，②（　　　　　）になっていることが多い。

中ほど
・流れの速さが
　③（　　　　　）。
・川底の深さが
　④（　　　　　）。

# 教科書との内容対照表

小学5年生 理科

この表の左には、教科書の目次をしめしています。
右には、それらの内容が「小学5年生 理科にぐーんと強くなる」のどのページに出ているかをしめしています。

# 教科書との内容対照表

この表の左には、教科書の目次をしめしています。

右には、それらの内容が『小学5年生 理科にぐーんと強くなる』のどのページに出ているかをしめしています。

**2** 右の図は，川が曲がって流れているところの断面を表したものです。（　）にあてはまることばを，　　から選んで書きましょう。　（1つ8点）

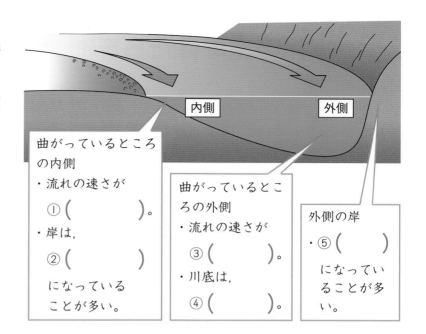

| 川原 | がけ |
| 速い | おそい |
| 深い | 浅い |

内側

外側

曲がっているところの内側
・流れの速さが
①（　　　　）。
・岸は，
②（　　　　）
になっていることが多い。

曲がっているところの外側
・流れの速さが
③（　　　　）。
・川底は，
④（　　　　）。

外側の岸
・⑤（　　　）になっていることが多い。

**3** 次の文は，川のようすについて書いたものです。（　）にあてはまることばを，　　から選んで書きましょう。同じことばを，くり返し使ってもかまいません。（1つ5点）

 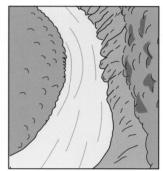

(1) 川のまっすぐなところでは，水の流れの速さは，岸近くよりも中ほどのほうが（　　　　）。

(2) 川のまっすぐなところでは，川底の深さは，（　　　　　　）が深くなっている。

(3) 川の曲がっているところでは，水の流れの速さは，内側よりも外側のほうが
（　　　　）。

(4) 川の曲がっているところでは，川底の深さは，内側よりも外側のほうが
（　　　　）。

(5) 川の曲がっているところの内側では，水の①（　　　　　　）のはたらきが大きいので，川岸は②（　　　　　　）になっていることが多い。また，外側では，水の
③（　　　　　　）のはたらきや運ぱんのはたらきが大きいので，川岸は
④（　　　　　　）になっていることが多い。

| 速い | おそい | 川岸近く | 中ほど | たい積 |
| 深い | 浅い | がけ | 川原 | 運ぱん | しん食 |

答え➡別冊解答9ページ

# 34 川の水のはたらき②

得点

/100点

**1** **次の文は，川の流れの速いところと，流れのおそいところの，どちらのようすを書いたものですか。それぞれ書きましょう。**（1つ5点）

(1)　流れる水が，岸や川底をけずったり，おし流したりするはたらきが小さい。
（　　　　　　　　）

(2)　流れる水が，土や石を積もらせるはたらきが大きい。
（　　　　　　　　）

(3)　川岸は，がけになっていることが多い。（　　　　　　　　）

(4)　川岸は，小石やすなが積もって，川原になっていることが多い。
（　　　　　　　　）

**2** **次の文は，川のまっすぐなところと，曲がっているところのようすを書いたものです。それぞれ，どちらのようすについて書いたものか，答えましょう。**（1つ5点）

(1)　川岸は，両側とも川原になっていることが多い。
（　　　　　　　　）

(2)　流れの速さは，岸近くより中ほどが速い。（　　　　　　　　）

(3)　かたほうの川岸は川原になっていることが多いが，もうかたほうの川岸はがけになっていることが多い。（　　　　　　　　）

(4)　川底の深さは，岸近くより中ほどが深くなっている。
（　　　　　　　　）

**3** **右の図のように，板の上に小石とすなをのせて，川の中ほどと，岸近くの2か所で，同じ時間，水の中にしずめました。これについて，次の問題に答えましょう。**（1つ5点）

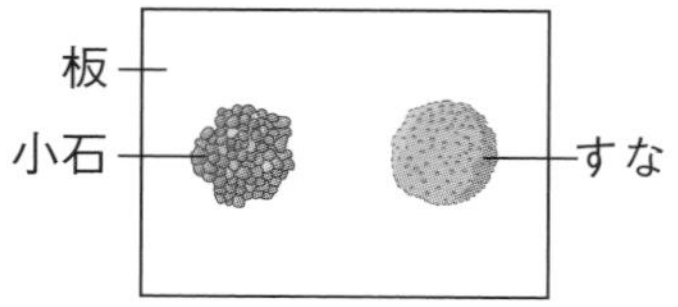


(1)　板を水の中から出すと，右の㋐，㋑のようになりました。水の運ぶ力が大きかったのはどちらですか。（　　）

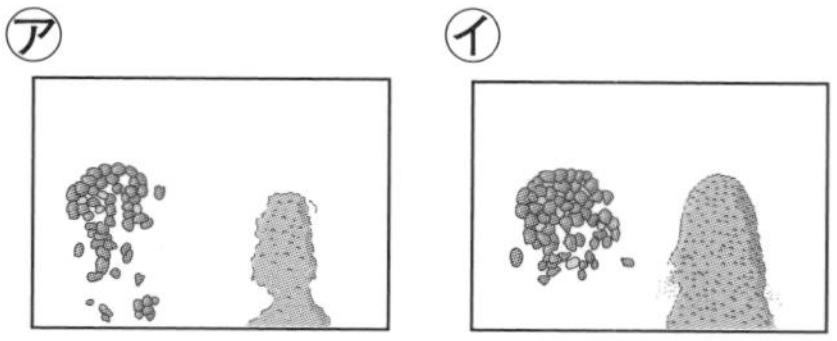


(2)　川の流れが速いところにしずめたのは，㋐，㋑のどちらですか。（　　）

(3)　川の岸近くにしずめたのは，㋐，㋑のどちらですか。（　　）

## 4 川の水のはたらきについて，次の問題に答えましょう。（１つ５点）

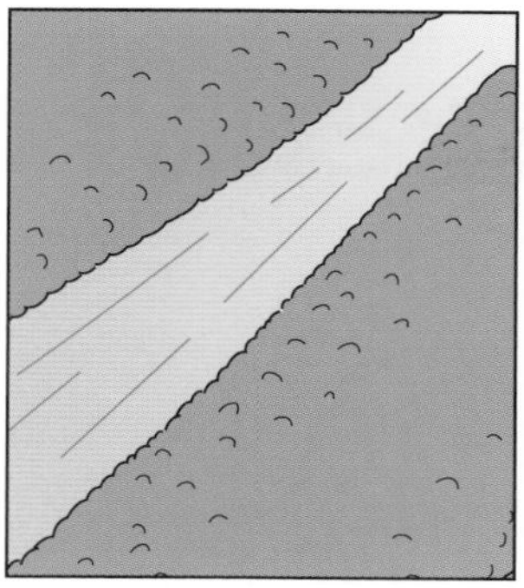

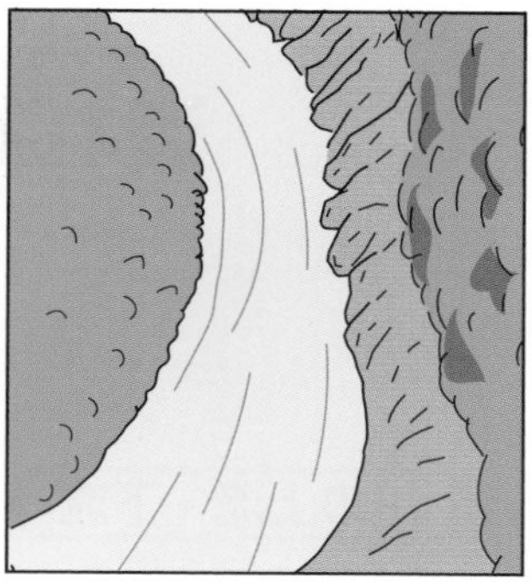

(1)　川の流れの速いところでは，水のどんなはたらきが大きくなりますか。２つ書きましょう。

（　　　　　　　）
（　　　　　　　）

(2)　川の流れが速いのはどんなところですか。次の㋐～㋓から２つ選びましょう。

（　　　，　　　）

㋐　川のまっすぐなところの岸近く。
㋑　川のまっすぐなところの中ほど。
㋒　川の曲がっているところの内側。
㋓　川の曲がっているところの外側。

(3)　川の流れが速いところでは，川岸は何になりやすいですか。

（　　　　　　　）

(4)　川の流れのおそいところでは，川の水のどんなはたらきが大きくなりますか。

（　　　　　　　）

(5)　川の流れがおそいところでは，川岸は何になりやすいですか。

（　　　　　　　）

## 5 右の図は，川のまっすぐなところと，曲がっているところの川底のようすを表したものです。これについて，次の問題に答えましょう。（１つ５点）

①

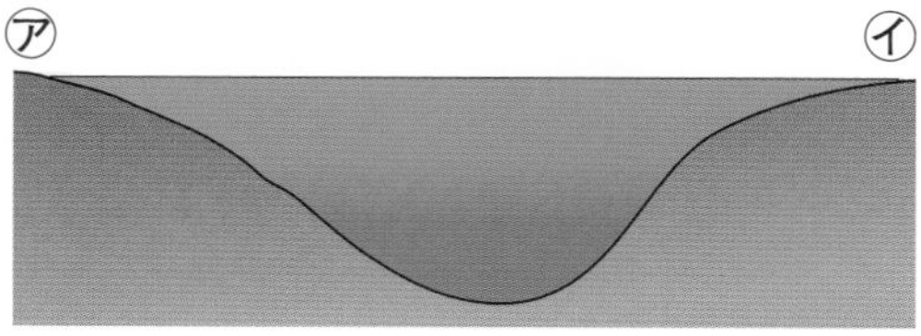


②

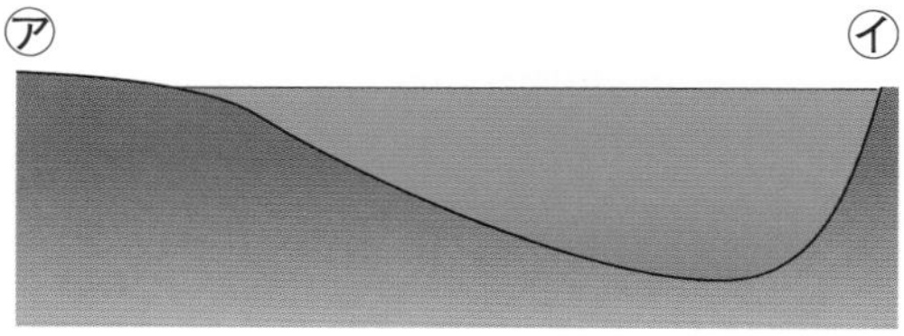


(1)　川の曲がっているところの川底のようすを表したのは，①，②のどちらですか。　（　　　）

(2)　川の曲がっているところで，内側なのはどちらですか。(1)で選んだ図の㋐，㋑から選びましょう。　（　　　）

(3)　川の曲がっているところの内側のようすが，(2)で選んだようになるのはどうしてですか。「たい積」ということばを使って書きましょう。

（　　　　　　　　　　　　　　　　　　）

# 35 流れる水と変化する土地①

得点

/100点

## 川の上流・下流

川は，上流，下流で，ようすがちがっている。

| 場　所 | | 流れのようす | 川岸のようす | 近くにある石のようす |
|---|---|---|---|---|
| 上流 | | 流れが速い。 | 両岸 はがけになっている。 | 大きくて角ばった石が多い。 |
| 下流 | | 流れがとてもゆるやか。 | 川原が広がっている。 | 丸みをおびた小さな石やすなが多い。 |

### 川のようすのちがいと，流れる水のはたらき

上流では，しん食や運ぱんのはたらきがよく見られ，下流では，たい積のはたらきがよく見られる。

## 川の水のはたらきと土地の変化

雨がふり続いたり大雨のときは，川の水が土地をけずったり，土や石を運んだりするはたらきが大きくなり，災害を起こすこともある。

| 雨がふり続いたり，大雨のときに起こる災害 | 災害を防ぐくふう |
|---|---|
| 川岸がけずられる。 ➡ | コンクリートで川岸をかためたり，護岸ブロックを置く。 |
| 川の水があふれる。 ➡ | ダムや川の分水路をつくり，川の水の量を調節する。 |
| 運ばれてきたたくさんの土やすななどが，川底や川原に積もる。 ➡ | さ防ダムをつくり，けずられた土や石が一度に流れるのを防ぐ。 |

**1** 右の図は，川の上流，下流の，どこのようすですか。それぞれ□に書きましょう。（1つ5点）

①

②

**2** 次の文は，川のようす について書いたものです。 （ ）にあてはまることば を， ▊ から選んで書き ましょう。 （1つ10点）

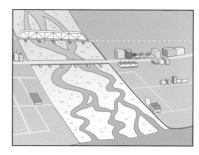

(1) 川の上流では，流れの速さは①（　　　　　　　）。両
岸は②（　　　　　　　）になっている。近くには，大き
くて③（　　　　　　　）石が多い。

(2) 川の下流では，流れの速さはとてもゆるやか。川岸
には①（　　　　　　　）が広がっている。
近くには②（　　　　　　　）小さな石やすなが多い。

(3) 上流，中流，下流で川のようすがちがうのは，それ
ぞれの場所の（　　　　　　　　　　）の強さがちがうからである。

> 流れる水のはたらき　　ゆるやか　　速い　　すな
> 丸みをおびた　　角ばった　　川原　　がけ

**3** 次の表は，雨がふり続いたり大雨のときに，川の水のはたらきによって起こる災害と，その災害を防ぐくふうについてまとめたものです。（ ）にあてはまることばを， ▊ から選んで書きましょう。
（1つ10点）

| 災　害 | 災害を防ぐくふう |
|---|---|
| 川岸がけずられる。 | コンクリートで川岸をかためたり，①（　　　　　　）を置く。 |
| 川の水があふれる。 | ダムや②（　　　　　　　）をつくり，川の水の量を調節する。 |
| 運ばれてきたたくさんの土やすなが，川底や川原に積もる。 | ③（　　　　　　　）をつくり，けずられた土や石が一度に流れるのを防ぐ。 |

> さ防ダム
> 川の分水路
> 護岸ブロック

答え➡別冊解答10ページ

# 36 流れる水と変化する土地②

得点

/100点

## 1 川の上流，下流のようすのちがいについて，次の問題に答えましょう。

（１つ４点）

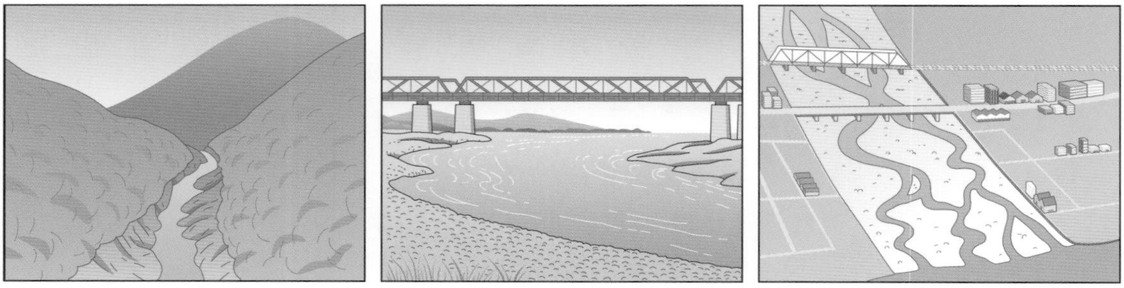

(1) 次のような石が多く見られるのは，川の上流，下流のどちらですか。それぞれ書きましょう。

① 小さな石やすな　（　　　）

② 丸みをおびた小さい石　（　　　）

③ 大きくて角ばった石　（　　　）

(2) 上流と下流の流れる水のはたらきの強さを比べると，どうなっていますか。次の㋐～㋒から選びましょう。　（　　）

㋐ 上流ではたい積のはたらき（積もらせるはたらき）が強く，下流ではしん食のはたらき（けずるはたらき）が強い。

㋑ 上流ではしん食のはたらき（けずるはたらき）が強く，下流ではたい積のはたらき（積もらせるはたらき）が強い。

㋒ 上流と下流の流れる水のはたらきの強さは同じ。

## 2 次の文は，雨がふり続いたり，大雨のときに，川の水のはたらきによって起こる災害を防ぐくふうについて書いたものです。それぞれ，どのような災害をふせぐためのものですか。下の㋐～㋒から選びましょう。

（１つ６点）

(1) コンクリートで川岸をかためたり，護岸ブロックを置く。　（　　）

(2) さ防ダムをつくり，けずられた土や石が一度に流れるのを防ぐ。　（　　）

(3) ダムや川の分水路をつくり，川の水の量を調節する。　（　　）

㋐ 運ばれてきたたくさんの土やすなが，川底や川原に積もる。

㋑ 川岸がけずられる。

㋒ 川の水があふれる。

**3** 次の文は，雨がふり続いたり，大雨のときに，川の水のはたらきによって起こる災害について書いたものです。これらの災害は，流れる水のはたらきの「しん食」「運ぱん」「たい積」のどれといちばん深くかかわっていますか。それぞれ書きましょう。（1つ7点）

(1) 川岸やていぼうがけずられてしまった。（　　　　　）

(2) 上流の川原にあった大きな石や，たおれた木などが，中流や下流まで運ばれた。（　　　　　）

(3) 川の水が減った後，川底や川原にたくさんの土やすななどが残されてしまった。（　　　　　）

**4** 次の表は，川の上流，中流，下流の，流れの速さや川岸のようす，近くにある石のようすについてまとめたものです。①～⑨にあてはまることばを，□から選んで書きましょう。同じことばを，くり返し使ってもかまいません。（1つ5点）

| | 上流 | 中流 | 下流 |
|---|---|---|---|
| | 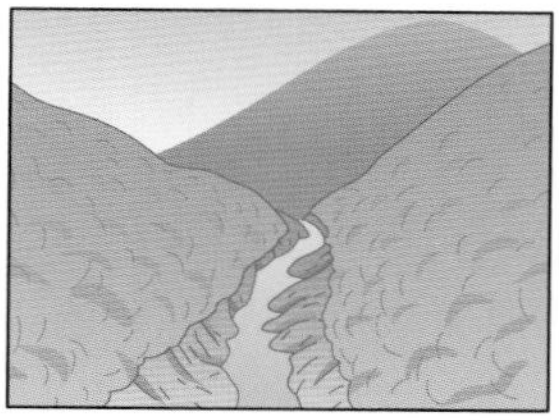 | 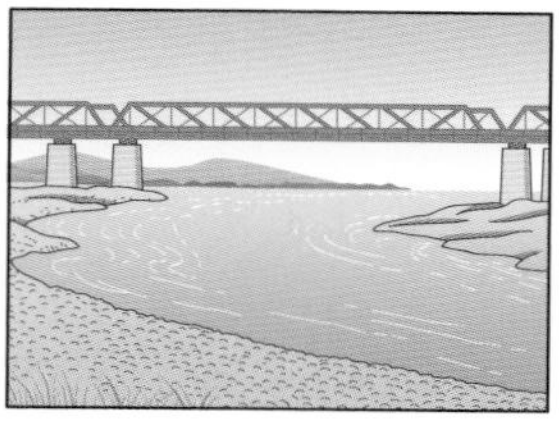 | 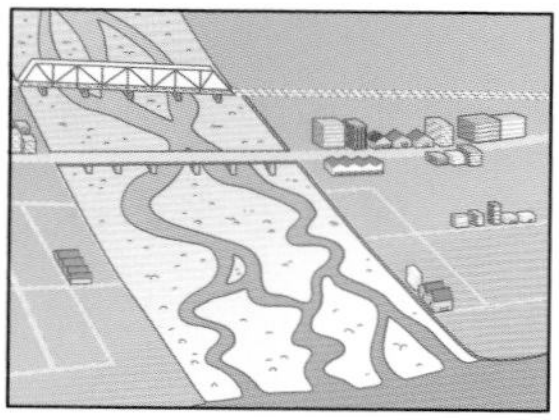 |
| 流れのようす | ① 流れが（　　　　）。 | 流れがゆるやか。 | ② 流れがとても（　　　　）。 |
| 川岸のようす | ③ 両岸が（　　　　）になっている。 | ④（　　　　）が広がっている。 | ⑤ 中流よりも（　　　　）が広がっている。 |
| 石の大きさ | ⑥（　　　　）。 | ⑦ 上流よりも（　　　　）。 | 小さな石やすなが多い。 |
| 石の形 | ⑧（　　　　）。 | 丸みをおびている。 | ⑨（　　　　）。 |

ゆるやか　速い　川原　がけ　大きい　小さい
角ばっている　丸みをおびている

答え➡別冊解答10ページ

得点　　/100点

# 37 単元のまとめ

**1** **右の図のように，しばらく水を流して流れる水のはたらきを調べました。これについて，次の問題に答えましょう。**　（１つ５点）

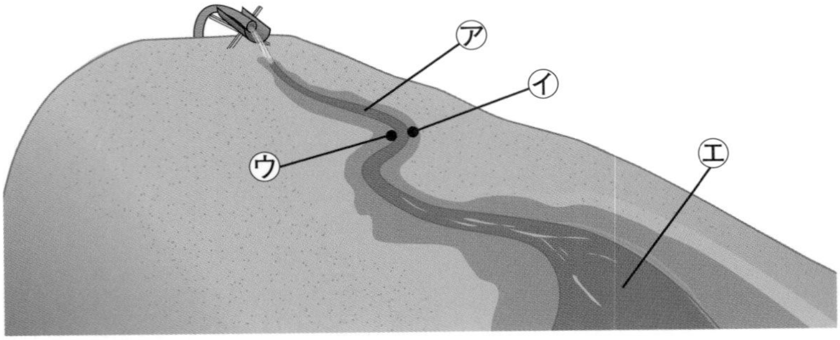


(1)　図の㋐のところでは土がけずられていましたが，㋓のところでは土が積もっていました。㋐と㋓の水の流れる速さを比（くら）べたとき，速いのはどちらですか。　（　　）

(2)　図の㋑と㋒のところを比べたとき，水のけずるはたらきが強いのはどちらですか。　（　　）

(3)　流す水の量を増（ふ）やして，同じように調べました。

①　流れる水の速さはどうなりますか。　（　　　　）

②　図の㋐のところでの，水のけずるはたらきはどうなりますか。　（　　　　）

**2** **図１のように，板の上に小石とすなをのせたものを，川の岸近くにしずめたところ，図２のようになりました。これについて，次の問題に答えましょう。**　（１つ８点）

図１

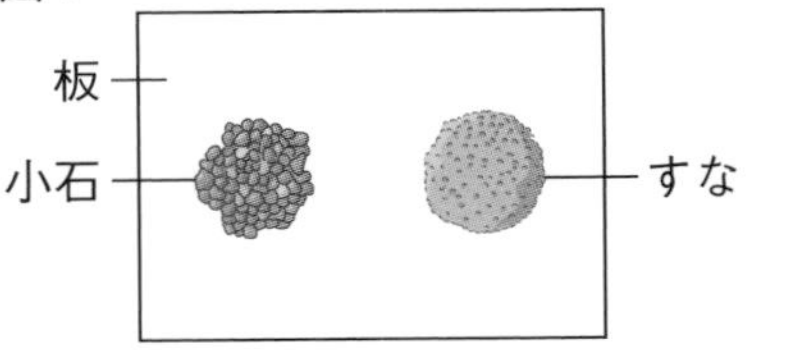


図２

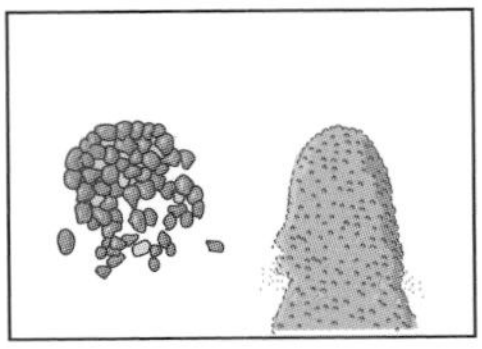

(1)　この実験からわかるのは，流れる水のはたらきのうち，運ぱんのはたらきと，たい積のはたらきのどちらですか。　（　　　　）

(2)　図１の板を，この川の中ほどにしずめるとどうなりますか。次の㋐～㋒から選びましょう。　（　　）

㋐

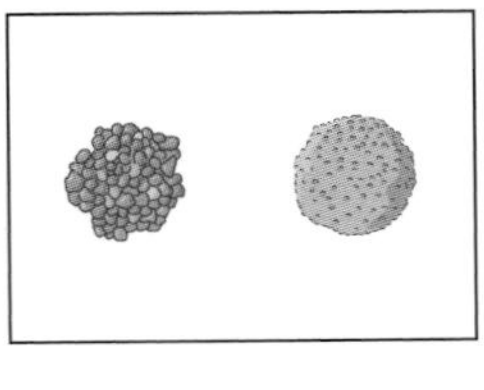

㋑

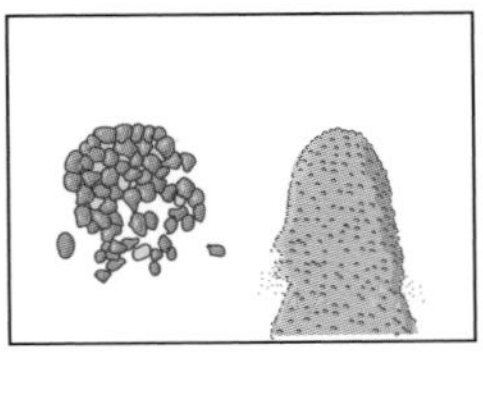

㋒

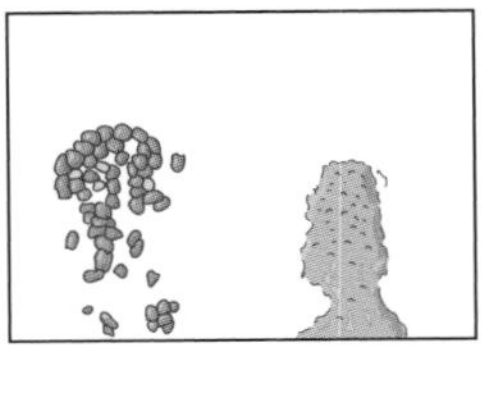

**3** 右の図は，川の断面を表したものです。これについて，次の問題に答えましょう。

(1つ8点)

図1

図2

(1) 川の曲がっているところの断面を表しているのは，図1，図2のどちらですか。

（　　　　　）

(2) 川の断面が図1のようになるのはどうしてですか。次の㋐〜㋒から選びましょう。

（　　　）

㋐　川の曲がっているところでは，外側と内側で流れの速さがちがうから。

㋑　川のまっすぐなところでは，岸近くと中ほどで，流れの速さがちがうから。

㋒　流れる水のはたらきは，川のどの部分でも同じだから。

(3) 川岸ががけになっていることが多いのは，図の㋐〜㋓のどこですか。

（　　　　　）

(4) 川岸ががけになるのは，流れる水のはたらきのうち，どのはたらきが強いからですか。

（　　　　　）

**4** 川の上流と下流のようすについて調べました。これについて，次の問題に答えましょう。

(1つ8点)

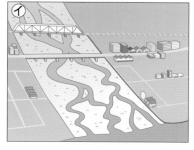

(1) 右の図で，川の上流のようすを表しているのは㋐，㋑のどちらですか。

（　　　　　）

(2) 丸みをおびた石が多く見られるのは，川の上流と下流のどちらですか。

（　　　　　）

(3) 川のようすから考えて，川の流れの速さが速いのは，上流と下流のどちらですか。

（　　　　　）

(4) 川岸の一部は，雨がふり続いたり，大雨がふったときに備えて，コンクリートで川岸をかためたり，護岸ブロックを置いています。これは，川の水のどんなはたらきをおさえるためですか。次の㋐〜㋒から選びましょう。

（　　　）

㋐　しん食　　　　㋑　運ぱん

㋒　たい積

# 大地をけずりとる川

## 川がつくったグランドキャニオン

アメリカのアリゾナ州にあるグランドキャニオンは，高さ2000mのコロラド高原を流れるコロラド川が長い時間をかけて大地をけずりとってできたけいこくです。

コロラド川が数百万年かけてけずりとった結果，けいこくの長さは450km，深さは1600mにも達しました。このように深く大きなけいこくは世界でもまれで，世界遺産にも指定されています。グランドキャニオンは，まさに川がつくりあげた芸術作品ともいえる地形ですね。

気の遠くなるような時間がつくりあげたんだね。

▲グランドキャニオン

この単元では，水の流れの変化とはたらき，川の水のはたらき，流れる水と変化する土地について学習しました。ここでは川のはたらきを調べます。

# 百万貫岩とは？

　日本海に流れこむ手取川（石川県）の上流の川原には，高さ16m，周長52mもある大きな岩がころがっています。とても大きく重いことから，百万貫岩とよばれています。これは，昭和9年に起きた大こう水のとき，ここから数km上流から運ばれてきたものなのです。

　そのときの水流が，いかにはげしかったかがよくわかりますね。一貫とは昔の重さの単位で，3.75kgのことですから，百万貫岩とは約375万kgもの重さになるほどの岩という意味で名づけられたのです。

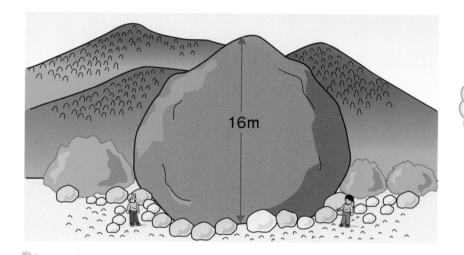

16m

こんなに重い岩を運ぶ流れる水の力はすごいね。

## 自由研究のヒント

　川は長い年月のあいだに，流れる道すじを変えることがあります。大きく道すじを変えるようになると，どんな地形ができるでしょうか。三日月湖とよばれる湖も，そうした地形のひとつです。三日月湖ができるようすを調べてみましょう。

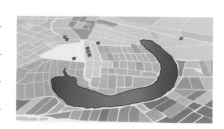

答え➡別冊解答10ページ

得点

/100点

# 38 水よう液①

**覚えよう**

## 水よう液

- 水の中でものが，全体に均一に広がり，すき通った（とうめいな）液になることを，ものが水にとけるといい，ものが水にとけた液を水よう液という。

- 水よう液には，色のついているものと，ついていないものがある。

- 水よう液の例

　▶水に食塩がとけている水よう液

　　➡食塩の水よう液（食塩水）。

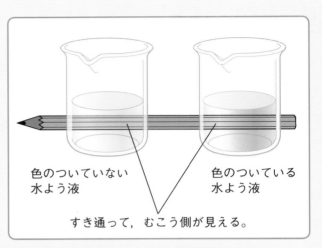

色のついていない
水よう液

色のついている
水よう液

すき通って，むこう側が見える。

## 水よう液の重さ

- 水よう液の重さは，水の重さととかしたものの重さの和になる。

- ものが水にとけてつぶが見えなくなっても，とけたものがなくなったわけではない。

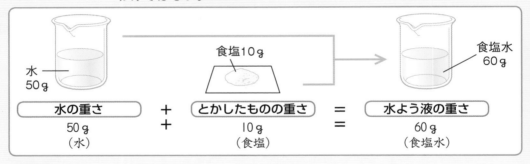

水
50g

食塩10g

食塩水
60g

| 水の重さ | + | とかしたものの重さ | = | 水よう液の重さ |
|---|---|---|---|---|
| 50g<br>（水） | + | 10g<br>（食塩） | = | 60g<br>（食塩水） |

**1** 右の図は，水よう液のようすを表したものです。（　）にあてはまることばを，□□から選んで書きましょう。　（1つ7点）

(1) 水の中でものが，全体に①（　　　）に広がり，すき通った液になることをものが②（　　　　　）という。

(2) (1)の液を，（　　　　　）という。

(3) 水よう液には，色のついているものと，ついていないものがあるが，どちらも（　　　　　）いる。

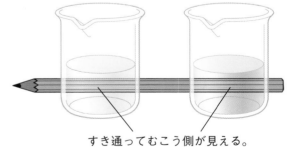

すき通ってむこう側が見える。

| | |
|---|---|
| にごって | すき通って |
| 水にとける | 水よう液 |
| 均一 | |

**2** 下の図のように，水に食塩をとかして，食塩水をつくりました。これについて，次の問題に答えましょう。

(1つ8点)

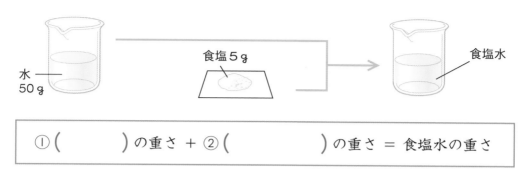

①（　　　　　）の重さ ＋ ②（　　　　　　）の重さ ＝ 食塩水の重さ

(1) （　）にあてはまることばを，▨から選んで書きましょう。

水よう液　　食塩　　水

(2) できる食塩水の重さは何gですか。　　　　　　（　　　　　　　）

**3** 次の文は，水よう液について書いたものです。（　）にあてはまることばを，▨から選んで書きましょう。

(1つ7点)

(1) 水よう液は，ものが水にとけて（　　　　　　）に均一に広がったものである。

(2) 水よう液には色のついたものもあるが，すべて（　　　　　　）（とうめいな）液である。

(3) 食塩の水よう液を（　　　　　　）という。

(4) 食塩を水にとかしたとき，できた水よう液の重さは，はじめの水と食塩の重さをたしたものと（　　　　　　）。

全体　　一部　　同じ　　ちがう　　食塩水　　すき通った　　にごった

**4** 水よう液について，正しいものには○，まちがっているものには×を書きましょう。

(1つ5点)

①（　　）色のついているものは，水よう液ではない。

②（　　）水よう液には，色のついているものと，ついていないものがある。

③（　　）ものが水にとけて見えなくなっても，とけたものはなくなっていない。

④（　　）ものが水にとけて見えなくなるのは，とけたものがなくなるからである。

答え➡別冊解答10ページ

得点

/100点

# 39 水よう液②

**1** 右の図は，コーヒーシュガー（茶色いさとう）を水にとかしたようすです。液には色がついていましたが，すき通っていました。これについて，次の問題に答えましょう。 （1つ5点）

(1) コーヒーシュガーを水にとかした液は，水よう液といえますか，いえませんか。

（　　　　　　　　　）

(2) 水にとけたコーヒーシュガーは，見えなくなってしまいました。コーヒーシュガーはなくなってしまいましたか，なくなっていませんか。

（　　　　　　　　　）

**2** いろいろなものを水にとかして水よう液をつくりました。これについて，次の問題に答えましょう。

（1つ5点）

食塩
10g

さとう
5g

ミョウバン
3g

水50g　　　　　水50g　　　　　水80g

(1) 10gの食塩を50gの水にとかして，食塩の水よう液（食塩水）をつくりました。

① できた食塩の水よう液（食塩水）の重さは何gですか。 （　　　　　）

② 水にとけた食塩は見えますか，見えませんか。 （　　　　　）

(2) 5gのさとうを50gの水にとかして，さとうの水よう液（さとう水）をつくりました。

① できたさとうの水よう液（さとう水）の重さは何gですか。 （　　　　　）

② 水にとけたさとうは見えますか，見えませんか。 （　　　　　）

(3) 3gのミョウバンを，80gの水にとかして，ミョウバンの水よう液をつくりました。

① できたミョウバンの水よう液の重さは何gですか。 （　　　　　）

② 水にとけたミョウバンは見えますか，見えませんか。 （　　　　　）

**[3]** **食塩を水にとかした液と，コーヒーシュガー（茶色いさとう）を水にとかした液をつくりました。これについて，次の問題に答えましょう。** （１つ10点）

(1) できた液のようすはどうなっていますか。次の㋐〜㋓から選びましょう。

（　　）

| | 液 | すき通っているかどうか | 色 |
|---|---|---|---|
| ㋐ | 食塩をとかした液 | すき通っている | ついている |
| | コーヒーシュガーをとかした液 | すき通っている | ついている |
| ㋑ | 食塩をとかした液 | すき通っている | ついていない |
| | コーヒーシュガーをとかした液 | すき通っている | ついている |
| ㋒ | 食塩をとかした液 | すき通っていない | ついていない |
| | コーヒーシュガーをとかした液 | すき通っていない | ついていない |
| ㋓ | 食塩をとかした液 | すき通っていない | ついている |
| | コーヒーシュガーをとかした液 | すき通っていない | ついていない |

(2) 食塩をとかした液と，コーヒーシュガーをとかした液は，水よう液といえますか，いえませんか。それぞれ書きなさい。

食塩（　　　　）

コーヒーシュガー（　　　　）

(3) 水にとけたものはどうなっていますか。次の㋐〜㋓から選びましょう。

（　　）

㋐ 液に色がついていればなくなっていないが，色がついていなければなくなっている。

㋑ 液に色がついていればなくなっているが，色がついていなければなくなっていない。

㋒ 液に色がついていても，ついていなくても，なくなっていない。

㋓ 液に色がついていても，ついていなくても，なくなっている。

(4) 次のような液をつくるとき，食塩やコーヒーシュガーは，それぞれ何gとかしますか。

① 食塩を50gの水にとかして，57gの液をつくる。

食塩を（　　　　）gとかす。

② コーヒーシュガーを80gの水にとかして，85gの液をつくる。

コーヒーシュガーを（　　　　）gとかす。

答え➡別冊解答11ページ

得点

/100点

# 40 上皿てんびんの使い方①

## 上皿てんびん

- 分銅を使って，ものの重さをはかる道具。
- 支点から左右の同じきょりに皿があり，同じ重さのものをのせるとつり合う。

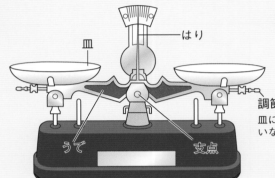

はり

皿

うで　支点

### 上皿てんびんがつり合っているとき

正面から見て，はりが左右同じはばでふれるとき。

調節ねじ
皿に何ものっていないときにつり合っていなければ，調節ねじで調節する。

### もののの重さをはかるときの使い方

❶左の皿に，はかるものを静かにのせる。
❷右の皿に，はかるものと同じぐらいの重さの分銅をのせる。
❸のせた分銅が重すぎるときは，少し軽い分銅にかえる。軽いときは，次に軽い分銅を加える。
❹つり合ったとき，分銅の重さの合計が，はかるものの重さになる。

### 決めた重さの水や粉のはかりとり方

❶左右の皿に，同じ重さの入れ物や紙をのせる。
❷左の皿に，決めた重さの分銅をのせる。
❸右の皿に，はかりとるものを少しずつ加えていき，つり合わせる。
※左ききの人は，上の文の「右」と「左」を読みかえて使う。

### 分銅　重さが正確につくられている。

100g　50g　20g　10g(2個)　5g

2g(2個)　1g　0.5g　0.2g(2個)　0.1g
100mg＝0.1g

20gの分銅1個に，2gの分銅1個，0.2gの分銅2個とつり合えば，
$20＋2＋0.2＋0.2＝22.4g$となる。

上皿てんびんを使うときの注意　・持ち運ぶときは両手で持つ。　・分銅はピンセットで持つ。
　　　　　　　　　　　　　　　　・ものは静かに皿にのせる。　・水平な台の上に置く。

## 1

右の図は，上皿てんびんを表したものです。□にあてはまる名前を，　　から選んで書きましょう。　（1つ10点）

| 調節ねじ | 皿 |
| うで | 支点 |

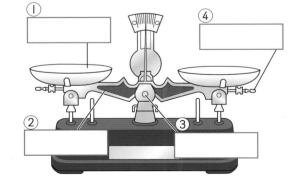

①　④

②　③

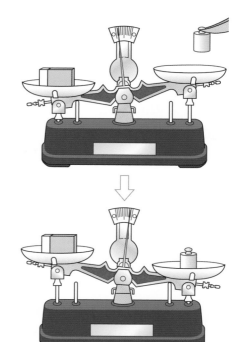

**2** 次の文は，右ききの人がものの重さをはかるときの，上皿てんびんの使い方を書いたものです。（　）にあてはまることばを，⬚から選んで書きましょう。 （1つ10点）

❶ ①（　　　　　）の皿に，はかるものを静かにのせる。

❷ ②（　　　　　）の皿に，はかるものと同じぐらいの重さの分銅をのせる。

❸ のせた分銅が重すぎるときは，その分銅よりも少し③（　　　　　）分銅にかえる。
のせた分銅が軽いときは，次に軽い④（　　　　　　　　）。

> 左　　右　　軽い　　重い　　分銅にかえる　　分銅を加える

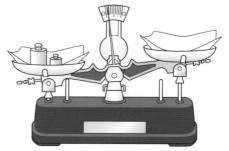

**3** 次の文は，右ききの人が食塩を決めた重さだけはかりとるときの，上皿てんびんの使い方を書いたものです。（　）にあてはまるのは，「左」と「右」のどちらですか。それぞれ書きましょう。 （1つ5点）

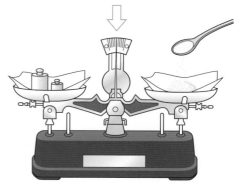

❶ 左右の皿に紙をのせる。

❷ ①（　　　　　）の皿に，決めた重さの分銅をのせる。

❸ ②（　　　　　）の皿に，はかりとる食塩を少しずつ加えていき，つり合わせる。

**4** あるものの重さを上皿てんびんではかったら，右の図の分銅とつり合いました。はかったものの重さは何gですか。 （10点）

（　　　　　）

20g　　2g　　0.2g　　0.2g

答え➡別冊解答11ページ

# 41 上皿てんびんの使い方②

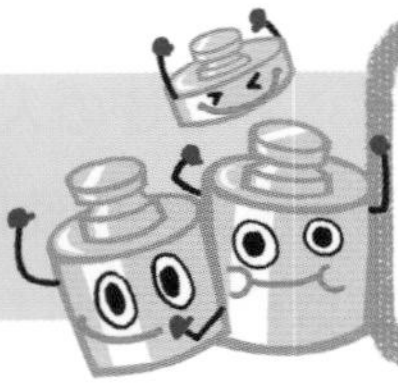

得点

/100点

## 1

右の図のような上皿てんびんを使い，ものの重さをはかりました。これについて，次の問題に答えましょう。

（1つ5点）

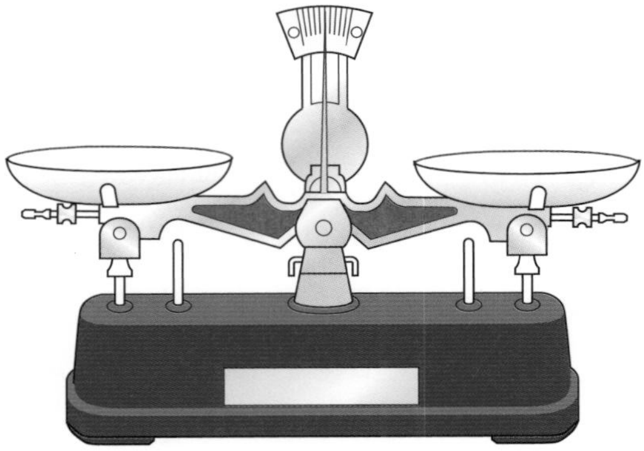

(1)　のせた分銅（ふんどう）が重すぎたときはどうしますか。次の㋐，㋑から選びましょう。

（　　）

㋐　のせた分銅よりも少し軽い分銅にとりかえる。

㋑　のせた分銅よりも少し重い分銅を加える。

(2)　正面から見ると，はりが右の図のように，左右に同じはばでふれていました。このとき上皿てんびんは，つり合っていますか，つり合っていませんか。

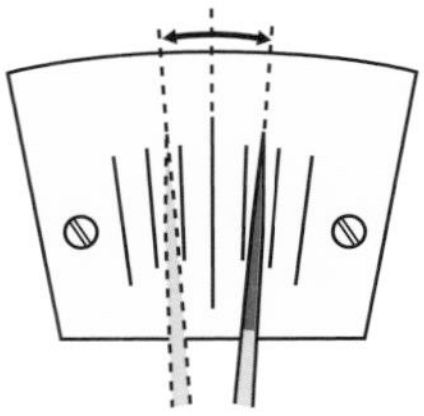

（　　　　　　）

## 2

右ききの人が上皿てんびんを使って，食塩を85gはかりとります。このときの上皿てんびんの使い方について，次の問題に答えましょう。　（1つ5点）

(1)　上皿てんびんにのせるのは，分銅と食塩のどちらが先ですか。

（　　　　　　）

(2)　食塩は，上皿てんびんの右の皿と左の皿の，どちらにのせますか。

（　　　　　　）

(3)　上皿てんびんの皿には，何gの分銅をのせますか。　（　　　　　　）

## 3

上皿てんびんの使い方として，正しいものには○を，まちがっているものには×を書きましょう。　（1つ5点）

(1)　（　　）　分銅をのせてもなかなかつり合わないときは，調節ねじを回す。

(2)　（　　）　分銅は落としたりしないよう，手で直接（ちょくせつ）持つ。

(3)　（　　）　上皿てんびんを持ち運ぶときは，落としたりしないよう，両手でしっかりと持つ。

**4** 分銅を右の図の①～④のように組み合わせたとき，合計の重さはそれぞれ何gですか。

（１つ５点）

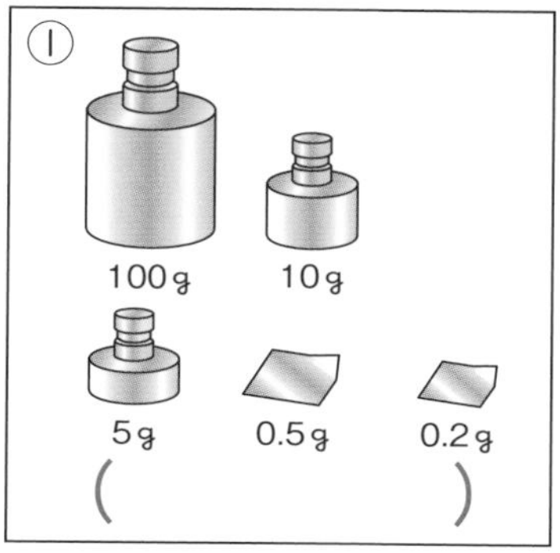
①
100g
10g
5g
0.5g
0.2g
(　　　　　　)

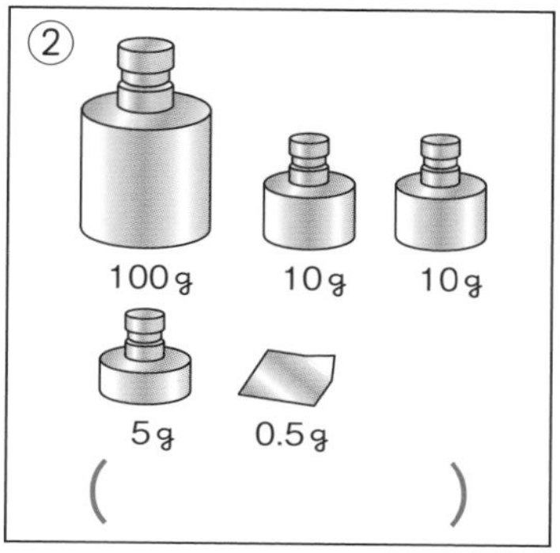
②
100g
10g
10g
5g
0.5g
(　　　　　　)

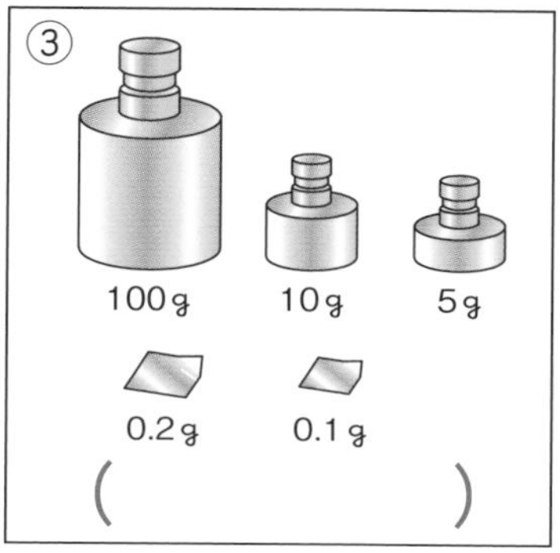
③
100g
10g
5g
0.2g
0.1g
(　　　　　　)

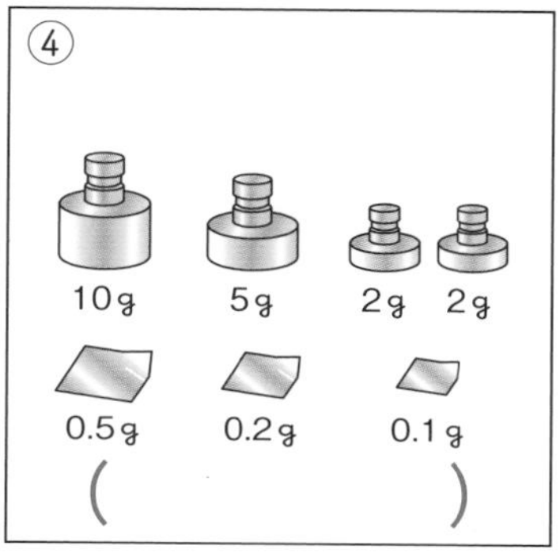
④
10g
5g
2g
2g
0.5g
0.2g
0.1g
(　　　　　　)

**5** 右ききの人が右の図のような上皿てんびんと分銅を使って，消しゴムの重さをはかりました。これについて，次の問題に答えましょう。（１つ10点）

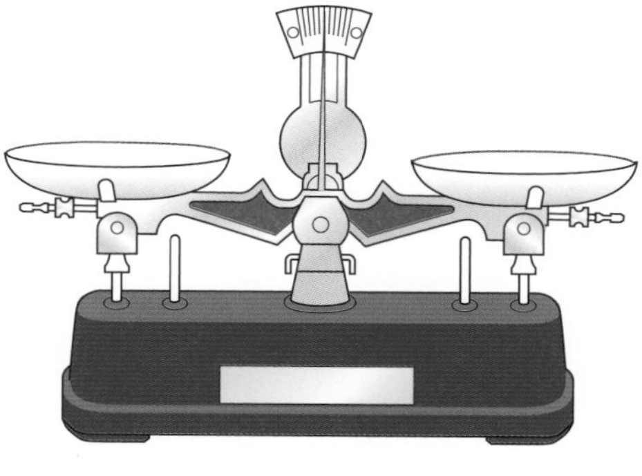

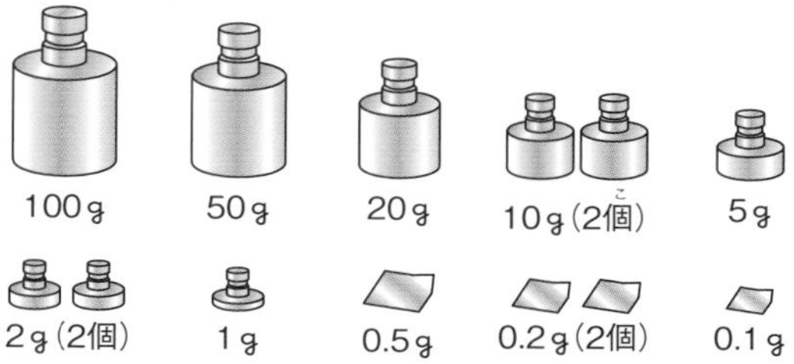
100g
50g
20g
10g（2個）
5g
2g（2個）
1g
0.5g
0.2g（2個）
0.1g

(1) 消しゴムは，てんびんの右の皿と左の皿のどちらにのせますか。（　　　　　）

(2) 消しゴムを皿にのせ，もう一方の皿に50gの分銅をのせたら，分銅をのせた皿が下にかたむきました。どうしたらよいですか。次の㋐～㋒から選びましょう。（　　）

㋐ さらに，20gの分銅を加える。

㋑ 50gの分銅を20gの分銅にかえる。

㋒ 50gの分銅を100gの分銅にかえる。

(3) (2)を行ったら，こんどは分銅をのせた皿が上がりました。どうしたらよいですか。

（　　　　　　　　　　　　　　　　　　　　　　　　）

(4) (3)を行っても，まだ分銅をのせた皿は上がったままでした。次にどうしたらよいですか。次の㋐～㋒から選びましょう。（　　）

㋐ さらに，10gの分銅を加える。　㋑ さらに，20gの分銅を加える。

㋒ さらに，50gの分銅を加える。

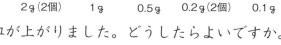

答え➡別冊解答11ページ

得点

/100点

# 42 水にとけるものの量①

## 覚えよう

### 水にとけるものの量

・ものが水にとける量には，限りがある。

・水の量を増やしたり，水の温度を高くすると，水にとけるものの量が増える。

・水にとける量の増え方は，ものによって，ちがいがある。

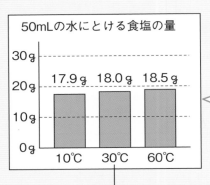

50mLの水にとける食塩の量

| | 10℃ | 30℃ | 60℃ |
17.9g　18.0g　18.5g

・100mLの水にはこの2倍とける。

・同じ量の水にとける量は，ものによってちがう。

・温度によるとける量の増え方は，ものによってちがう。

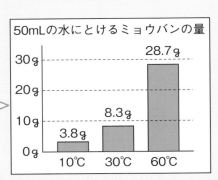

50mLの水にとけるミョウバンの量

28.7g
8.3g
3.8g
10℃　30℃　60℃

30℃の水に20gの食塩をとかすと，18.0gしかとけず，少しとけ残る。

### メスシリンダーの使い方（50mLの水をはかりとるとき）

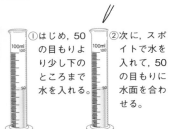

①はじめ，50の目もりより少し下のところまで水を入れる。

②次に，スポイトで水を入れて，50の目もりに水面を合わせる。

目もりは，液面のへこんだ部分を，真横から読む。

## 1

右のグラフは，50mLの水にとける食塩の量を表したものです。これについて，次の文の（　）にあてはまることばを，　　から選んで書きましょう。（1つ8点）

(1) ものが水にとける量には，限りが（　　　　　）。

(2) 水の量を①（　　　　　）たり，水の温度を②（　　　　　）すると，水にとけるものの量は増える。

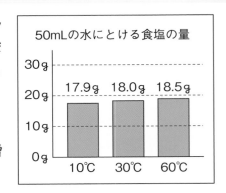

50mLの水にとける食塩の量

17.9g　18.0g　18.5g

| | 10℃ | 30℃ | 60℃ |

ある　　ない　　増やし　　減らし　　高く　　低く

**2** 　下のグラフは，50mLの水にとける食塩の量と温度との関係と，50mLの水にとけるミョウバンの量と温度との関係を比べたものです。これについて，次の文の（　）にあてはまることばを，□□から選んで書きましょう。同じことばを，くり返し使ってもかまいません。

（1つ8点）

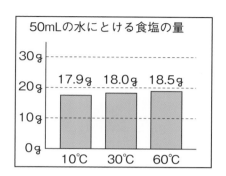

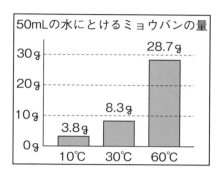

(1) 　水の温度が同じでも，食塩とミョウバンの，同じ量の水にとける量は（　　　　　　　　）。

(2) 　食塩とミョウバンの，温度によるとける量の増え方は（　　　　　　　　）。

(3) 　50mLの水にとける食塩の量は，10℃の水では（　　　　　　　）gである。

| 同じ　　ちがう　　17.9　　18.5 |
|---|

**3** 　50mLの水をはかりとるときのメスシリンダーの使い方について，（　）にあてはまることばを，□□から選んで書きましょう。　　　（1つ8点）

(1) 　はじめ，50mLの目もりよりも少し（　　　　　　）のところまで水を入れる。

(2) 　次に，（　　　　　　　　　　　）で水を入れて，50mLの目もりに水面を合わせる。

(3) 　目もりは，液面の①（　　　　　　　　　　）部分を，②（　　　　　　）から読む。

| 下　　　真横　　　スポイト<br>へこんだ　　　ガラスぼう<br>もり上がった |
|---|

**4** 　次の文は，水にとけるものの量を増やすための方法について書いたものです。（　）にあてはまることばを，□□から選んで書きましょう。　　　（1つ10点）

(1) 　水の量を（　　　　　　　　）と，水にとけるものの量は増える。

(2) 　水の温度を（　　　　　　　　　）と，水にとけるものの量は増える。

| 増やす　　減らす　　高くする　　低くする |
|---|

答え➡別冊解答11ページ

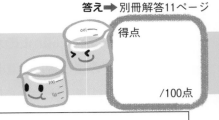

得点

/100点

# 43 水にとけるものの量②

**1** 右のグラフは，50mLの水にとけるミョウバンの量を表したものです。次の温度のとき，50mLの水にミョウバン20gを入れてよくかき混ぜると，とけ残りはありますか，ありませんか。それぞれ書きましょう。　（1つ8点）

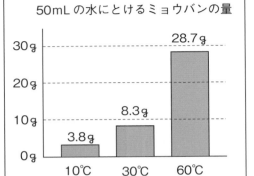

50mLの水にとけるミョウバンの量

(1)　10℃のとき…とけ残りが（　　　　　　）。

(2)　30℃のとき…とけ残りが（　　　　　　）。

(3)　60℃のとき…とけ残りが（　　　　　　）。

**2** 右のグラフは，100mLの水にとける食塩とミョウバンの量と，水の温度との関係を表したものです。これについて，次の問題に答えましょう。

（1つ4点）

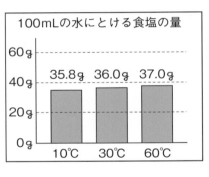

100mLの水にとける食塩の量

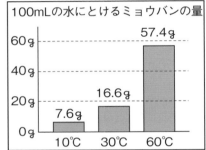

100mLの水にとけるミョウバンの量

(1)　水の温度が高くなると，食塩やミョウバンが水にとける量はどうなりますか。

（　　　　　　　　　　）

(2)　水の温度が10℃のとき，100mLの水にとける量が多いのは，食塩とミョウバンのどちらですか。　（　　　　　　　　　　）

(3)　水の温度が60℃のとき，100mLの水にとける量が多いのは，食塩とミョウバンのどちらですか。　（　　　　　　　　　　）

(4)　水の温度ともののとける量について正しいものを，次の⑦～⑨から選びましょう。

（　　　　）

⑦　水の温度が変わったときのとける量の変わり方は，食塩もミョウバンも同じ。

⑦　水の温度が変わったときのとける量の変わり方は，食塩よりもミョウバンのほうが大きい。

⑨　水の温度が変わったときのとける量の変わり方は，ミョウバンよりも食塩のほうが大きい。

## 3

次の図は，メスシリンダーに水を入れたときのようすです。それぞれ水の体積は何mLですか。

（１つ４点）

(1)

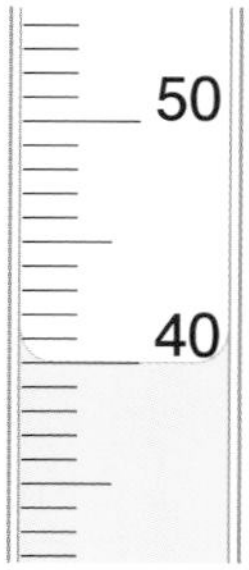


(2)

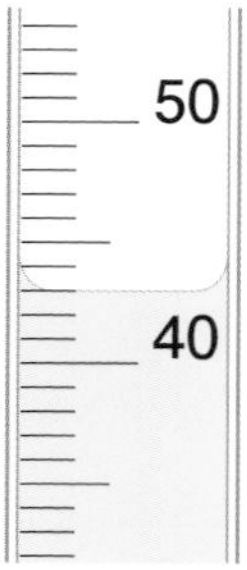


(3)

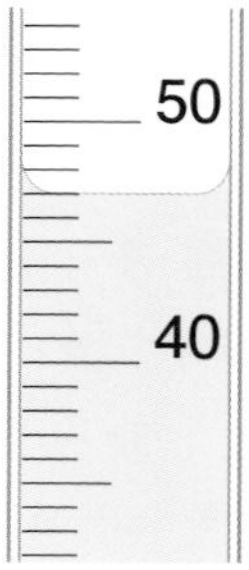


(1)（　　　　　）　(2)（　　　　　）　(3)（　　　　　）

## 4

右のグラフは，50mLの水にとける食塩とミョウバンの量と，水の温度との関係を表したものです。これについて，次の問題に答えましょう。

（１つ８点）

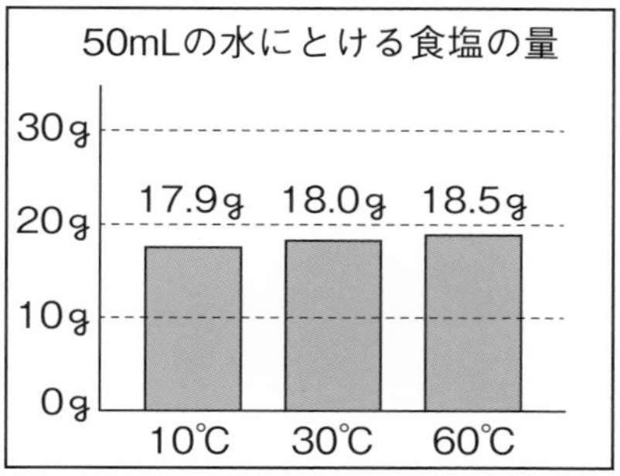


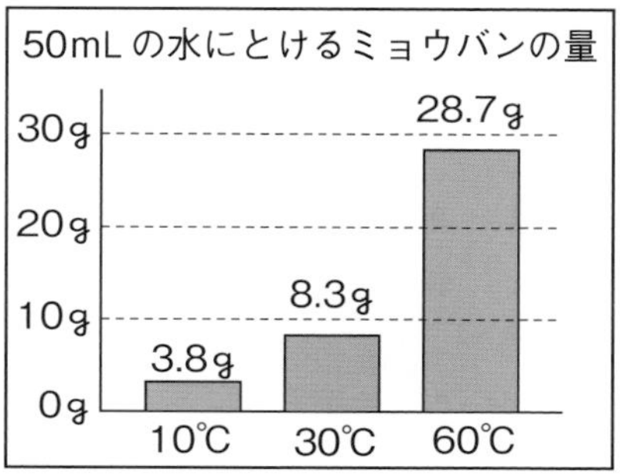


(1)　水の温度が10℃のとき，50mLの水にとける食塩とミョウバンの量は，それぞれ何gですか。

食塩（　　　　　）

ミョウバン（　　　　　）

(2)　水の温度を10℃から30℃にしたとき，水にとける量があまり変わらないのは，食塩とミョウバンのどちらですか。（　　　　　）

(3)　50mLの水に20gのミョウバンを全部とかすためには，水の温度を何℃にすればよいですか。次の㋐～㋒から選びましょう。（　　　）

㋐　10℃　　㋑　30℃　　㋒　60℃

(4)　20gの食塩を，60℃で50mLの水に入れてよくかき混ぜました。食塩はぜんぶとけますか，とけ残りますか。（　　　　　）

(5)　水の温度を変えずに，水にとけるものの量を増(ふ)やすにはどうすればよいですか。その方法を書きましょう。

（　　　　　　　　　　　　　　　　　　　　　　　　　　）

# 44 とかしたものをとり出す①

答え➡別冊解答12ページ

得点

/100点

覚えよう

## ろ 過

水にとけず，液に混じっているものを
ろ紙でこし取ることをろ過という。

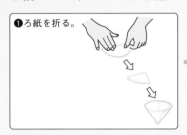

❶ろ紙を折る。

❷ろ紙をろうとに
はめて水でぬら
す。

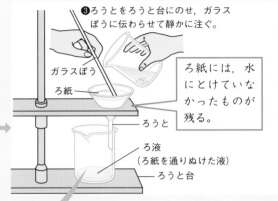

❸ろうとをろうと台にのせ，ガラス
ぼうに伝わらせて静かに注ぐ。

ガラスぼう

ろ紙

ろうと

ろ液
（ろ紙を通りぬけた液）

ろうと台

ろ紙には，水
にとけていな
かったものが
残る。

## 水よう液にとけているものをとり出す

### 水をじょう発させてとり出す

水よう液を少しとって
熱し，水をじょう発さ
せると，水よう液にと
けていたものがあとに
残る。

### 水よう液を冷やしてとり出す

氷を入れた水
で水よう液を
冷やすと，水
よう液にとけ
ていたものが
出てくる。

（温度が下がると，その温度では
とけきれない分が出てくる。）

---

**1** 右の図は，ろ過の方法を
表したものです。□にあ
てはまることばを，　　か
ら選んで書きましょう。

（1つ5点）

| ろ紙 | ろうと |
| ガラスぼう | ろ液 |

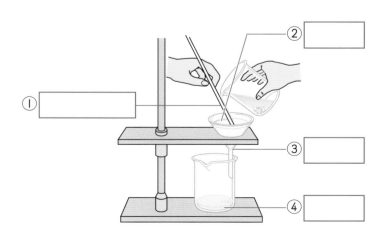

① □
② □
③ □
④ □

**2** ろ過について，次の文の（　）にあてはまることば
を，　　　　から選んで書きましょう。　　　（1つ10点）

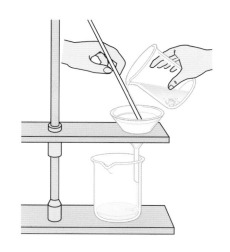

(1) 水にとけずに液に混じっているものを
　　（　　　　　　　　　　）でこし取ることをろ過という。

(2) ろ紙を（　　　　　　　　　）にはめて，水でぬらす。

(3) ろ過をするときは，液は（　　　　　　　　　）を
　　伝わらせて，静かに注ぐ。

(4) ろ紙を通りぬけた液を（　　　　　　　　　）という。

(5) ろ過をした後，ろ紙には
　　（　　　　　　　　　　　　　　）が残る。

> 水にとけていたもの　　水にとけていなかったもの
> ろ紙　　ろうと　　ろ液　　ガラスぼう

**3** 水よう液にとけているも
のをとり出す方法について，
次の文の（　）にあてはまる
ことばを，　　　から選んで
書きましょう。　（1つ10点）

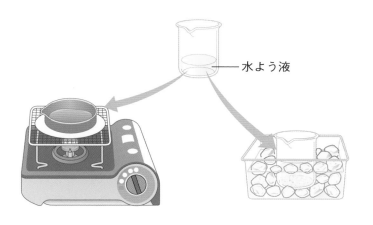

水よう液

(1) 水よう液を熱し，水を
　　（　　　　　　　　　　）
　　と，水よう液にとけていた
　　ものがあとに残る。

(2) 氷を入れた水で水よう液を（　　　　　　　）と，水よう液にとけていたものが出
　　てくる。

(3) 水よう液をろ過した後のろ液にはものが（　　　　　　　　　　　　）ので，(1)や
　　(2)の方法で，とかしたものをとり出すことができる。

> あたためる　　冷やす
> 増やす　　じょう発させる
> とけている
> とけていない

答え➡別冊解答12ページ

# 45 とかしたものをとり出す②

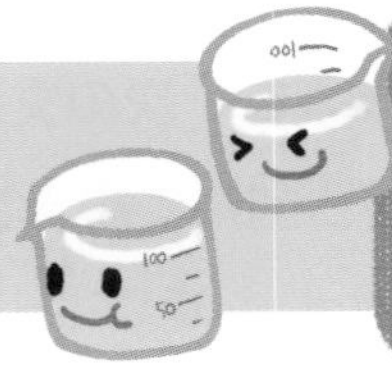

得点

/100点

**1** **右の図のように，液をろ紙をはめたろうとに注ぎました。これについて，次の問題に答えましょう。**（1つ9点）

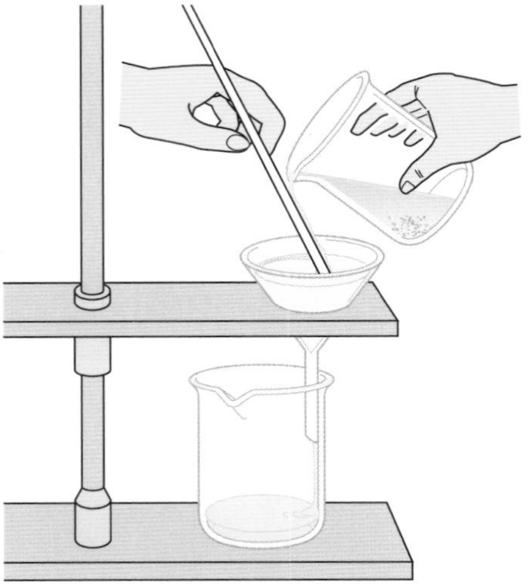

(1) 右の図のように，液に混じっているものをこし取ることを，何といいますか。

（　　　　　）

(2) ろ紙の上に残るものはどんなものですか。次の㋐，㋑から選びましょう。（　　）

㋐ 水にとけていたもの

㋑ 水にとけていなかったもの

(3) ろ紙を通りぬけた液を何といいますか。

（　　　　　）

(4) 食塩水を右の図のように，ろ紙に注ぎました。ろ紙を通りぬけた液には食塩はとけていますか，とけていませんか。（　　　　　）

**2** **水よう液にとけているものをとり出すことについて，次の問題に答えましょう。**（1つ10点）

(1) 右の図のように，食塩の水よう液を少しとって熱し，水をじょう発させると，あとに白いものが残りました。この白いものは何ですか。

（　　　　　）

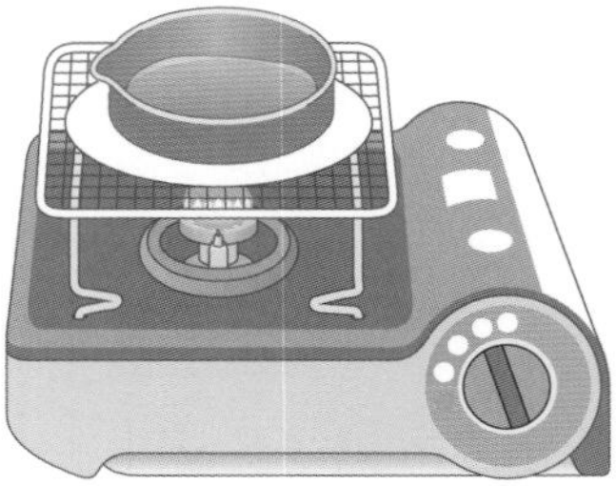

(2) 右の図のように，ミョウバンの水よう液をビーカーに入れ，氷を入れた水で冷やすと，ビーカーの液の中に，白いものが出てきました。この白いものは何ですか。（　　　　　）

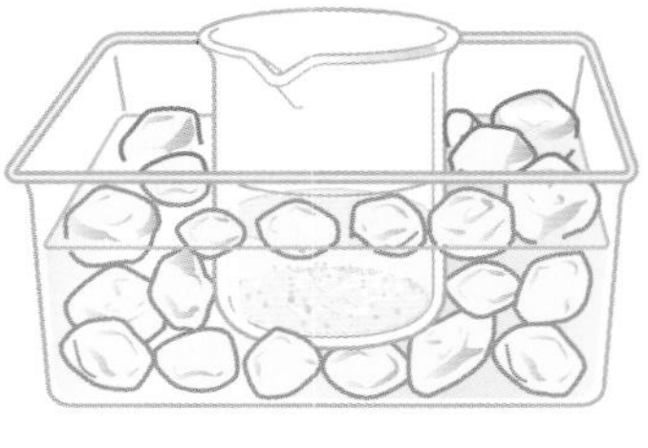

**3** ビーカーの水に食塩を入れてよくかき混ぜましたが，とけ残りがありました。これについて，次の問題に答えましょう。　（1つ10点）

(1)　とけ残った食塩をとり出すにはどうすればよいですか。次の㋐〜㋒から選びましょう。　（　　）

[ア]
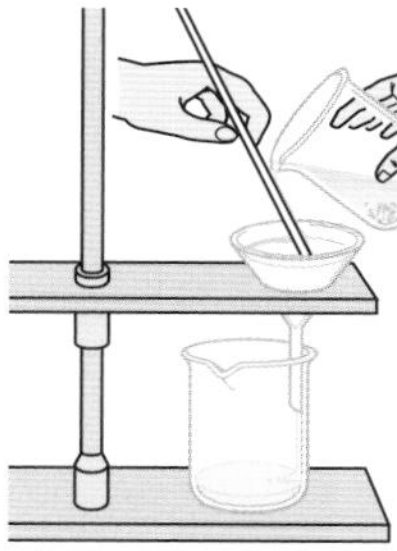
ろ過する。

[イ]
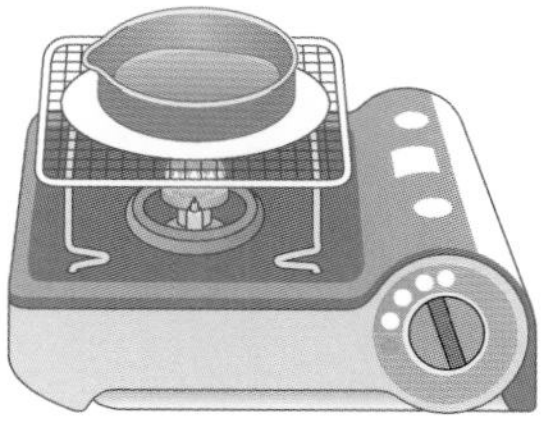
水をじょう発させる。

[ウ]
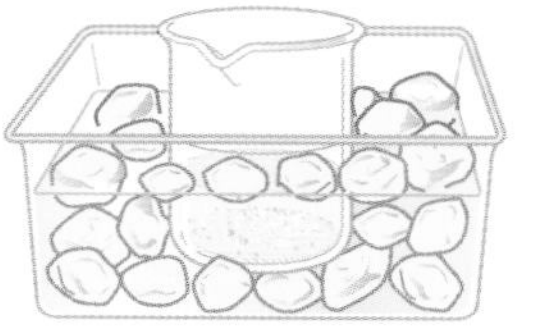
液を冷やす。

(2)　とけ残りをとり出した後の液は，何もとけていない水ですか，食塩の水よう液ですか。　（　　　　）

**4** 右の図のように，ミョウバンの水よう液をビーカーに入れ，氷を入れた水で冷やすと，液の中にミョウバンが出てきました。これについて，次の問題に答えましょう。　（1つ8点）

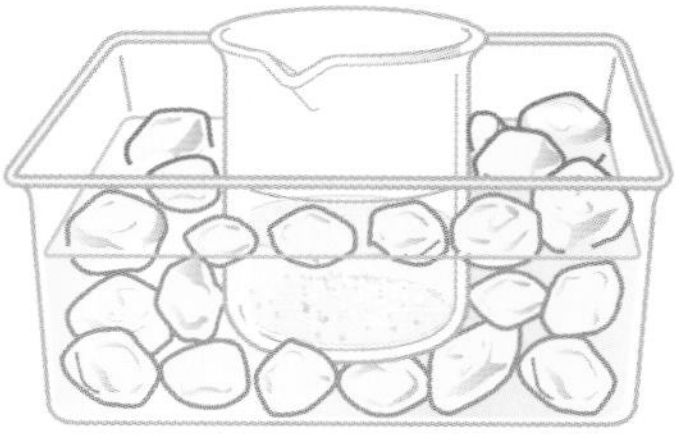

(1)　ミョウバンの水よう液を冷やすと，液の中にミョウバンが出てくるのはどうしてですか。次の㋐，㋑から選びましょう。　（　　）

㋐　水の量が変わると，水にとけるミョウバンの量も変わるから。

㋑　水の温度が変わると，水にとけるミョウバンの量も変わるから。

(2)　液の中に出てきたミョウバンだけをとり出すにはどうすればよいですか。右の①，②から選びましょう。　（　　）

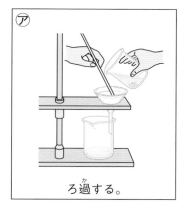

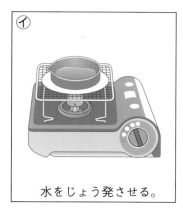

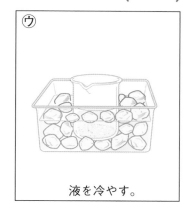

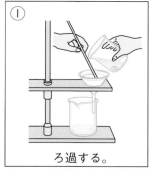

[1]
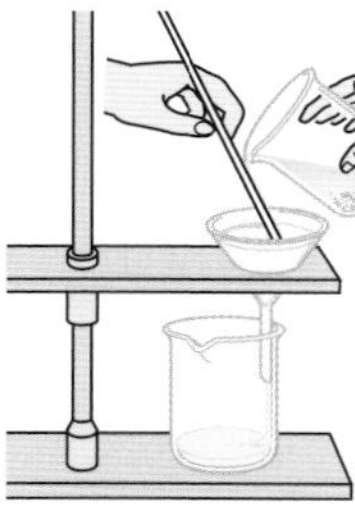
ろ過する。

[2]
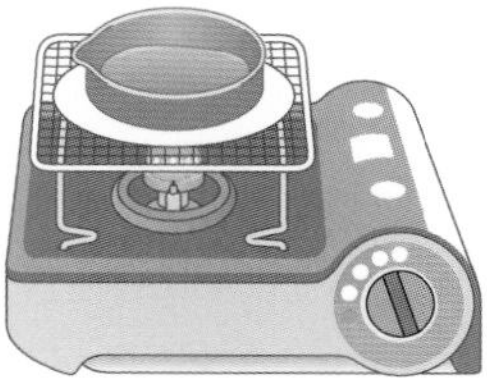
水をじょう発させる。

(3)　食塩水は，(1)のように冷やしても食塩はあまり出てきません。食塩水から食塩をとり出すには，どうすればよいですか。

（　　　　　　　　　　　　　　　　）

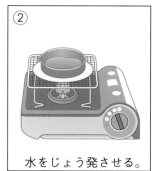

答え➡別冊解答12ページ

得点　　/100点

# 46 単元のまとめ

**1** **5gのコーヒーシュガー（茶色いさとう）を50gの水にとかすと，右の図のようになりました。これについて，次の問題に答えましょう。**　（1つ6点）

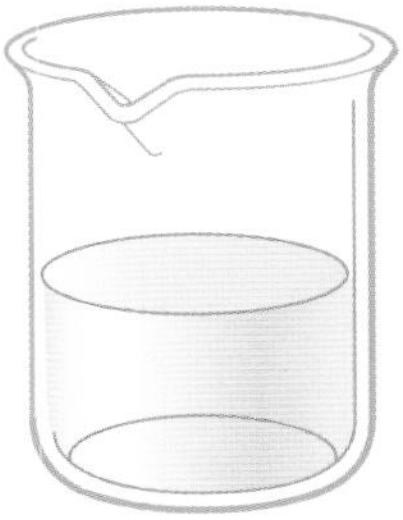

(1) できた液（えき）は，色がついていましたが，すき通っていました。この液は，水よう液といえますか，いえませんか。　（　　　）

(2) (1)のように答えたわけを，次の㋐〜㋓から選びましょう。　（　　）

㋐ 色がついている液は，水よう液とはいえないから。

㋑ すき通っている液は，色がついていても水よう液とはいえないから。

㋒ 色がついていても，すき通っていれば水よう液といえるから。

㋓ すき通っていてもいなくても，色がついていれば水よう液といえるから。

(3) できた液の重さは，何gですか。　（　　　）

**2** **右のグラフは，食塩とミョウバンの水にとける量と水の温度との関係を表したグラフです。これについて，次の問題に答えましょう。**　（1つ6点）

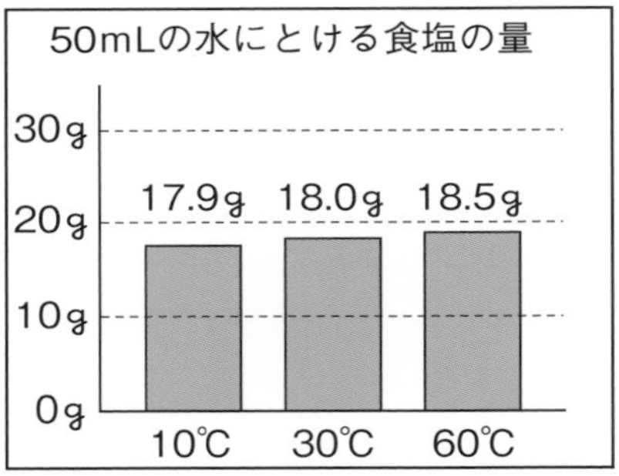
50mLの水にとける食塩の量
30g
20g
10g
0g
17.9g
18.0g
18.5g
10℃
30℃
60℃

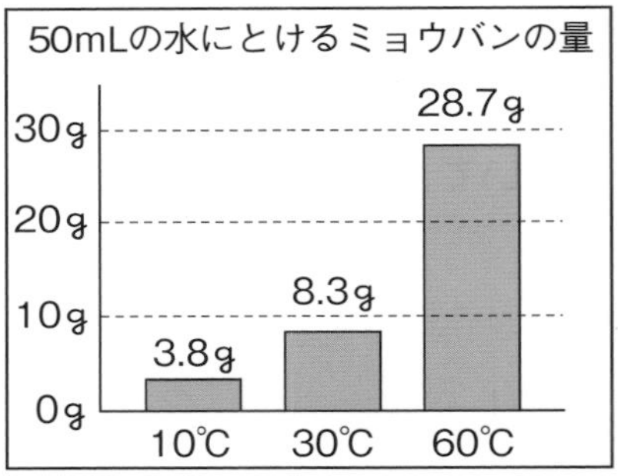
50mLの水にとけるミョウバンの量
30g
20g
10g
0g
3.8g
8.3g
28.7g
10℃
30℃
60℃

(1) 10℃の水50mLにとかすことのできる量が多いのは，食塩とミョウバンのどちらですか。　（　　　）

(2) 30℃の水50mLに食塩25gを入れてよくかき混（ま）ぜましたが，とけ残りがありました。すべてとかすにはどうすればよいですか。次の㋐〜㋒から選びましょう。　（　　）

㋐ 水を50mL加える。　㋑ 水の温度を60℃まであたためる。

㋒ もっとよくかき混ぜる。

(3) 30℃の水50mLに，ミョウバン20gを入れてよくかき混ぜましたが，とけ残りがありました。すべてをとかすにはどうすればよいですか。(2)の㋐〜㋒から選びましょう。　（　　）

**3** **ミョウバン20gを30℃の水50mLに入れてよくかき混ぜましたが，とけ残りがありました。そこで，右の図のようにして，とけ残っているものをこし取りました。これについて，次の問題に答えましょう。**

（１つ10点）

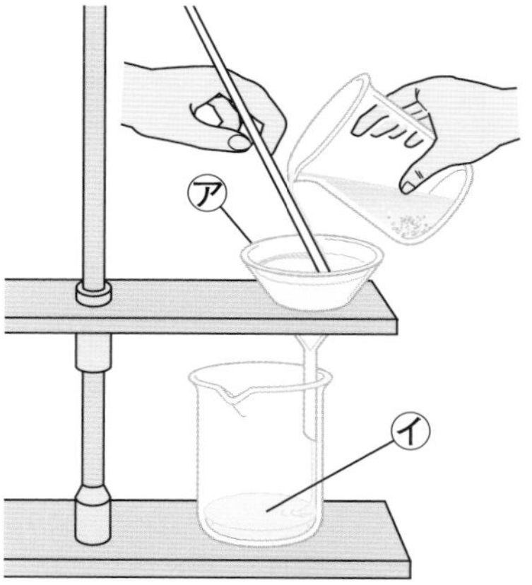

㋐
㋑


(1) 図の㋐の道具を何といいますか。

（　　　　　）

(2) 図のようにして，液にとけ残っているものをこし取る方法を何といいますか。

（　　　　　）

(3) ろ紙の上につぶが残りました。このつぶは何ですか。（　　　　　）

(4) 図の㋑の液に，ミョウバンはとけていますか，とけていませんか。

（　　　　　）

**4** **水にミョウバンをとけるだけとかした水よう液と，食塩をとけるだけとかした水よう液から，とけているものをとり出す実験をしました。図１，図２のグラフは，50mLの水にとけるミョウバンと食塩の量と水の温度との関係を表したものです。これについて，次の問題に答えましょう。**（１つ８点）

図１

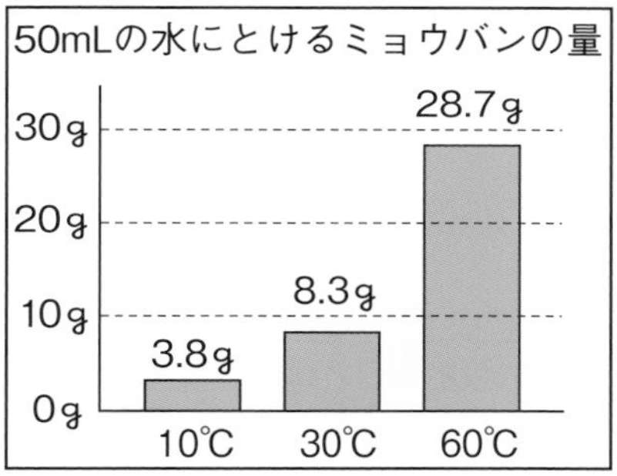

50mLの水にとけるミョウバンの量
30g
20g
10g
0g
3.8g
8.3g
28.7g
10℃
30℃
60℃


図２

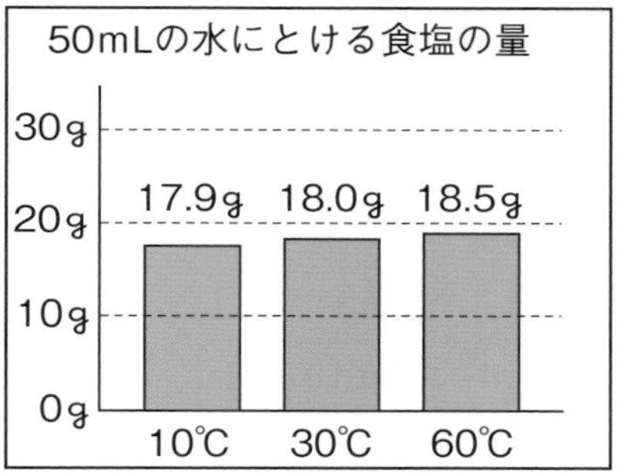

50mLの水にとける食塩の量
30g
20g
10g
0g
17.9g
18.0g
18.5g
10℃
30℃
60℃


図３

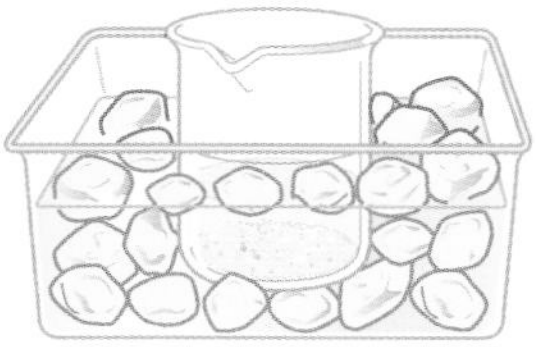

図４

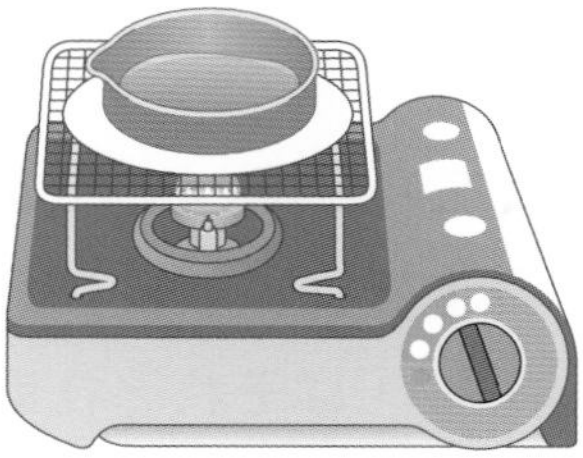

(1) 図３のように，ミョウバンの水よう液を冷やすと，液の中に白いつぶが出てきました。このつぶは何ですか。

（　　　　　）

(2) 図４のように，ミョウバンの水よう液を少量とって，じょう発させると，あとに白いつぶが残りました。このつぶは何ですか。（　　　　　）

(3) 食塩の水よう液にとけているものをとり出すには，図３，図４のどちらの方法を用いるほうがよいですか。（　　　　　）

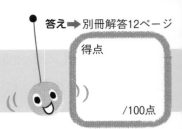

答え➡別冊解答12ページ

得点

/100点

**47** ふりこの動き①

覚えよう

### ふりこが1往復（おうふく）する時間

ふりこの長さが変わると，ふりこが1往復する時間も変わる。

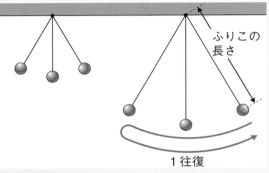

ふりこの
長さ

1往復

**ふりこの長さと1往復する時間**

ふりこの長さが長くなると1往復する時間も長くなる。

**ふりこが1往復する時間のはかり方**

10往復する時間を3回はかって，1往復の平均（へいきん）の時間を求める。

| ①ふりこが10往復する時間を3回はかる。 | ②3回分の10往復する時間を合計する。 | ③3でわって，1回あたりの10往復する時間を求める。 | ④10でわって，1往復する時間を求める。 |
|---|---|---|---|
| (例) 1回目…15.2秒<br>2回目…14.8秒<br>3回目…15.0秒 | 15.2＋14.8＋15.0<br>＝45.0秒 | 45.0÷3＝15.0秒 | 15.0÷10＝1.5秒 |

### ふりこのふれはばと，1往復する時間

ふれはばが変わっても，ふりこが1往復する時間は変わらない。

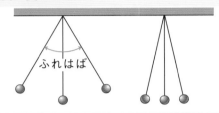

ふれはば

### おもりの重さと，1往復する時間

おもりの重さが変わっても，ふりこが1往復する時間は変わらない。

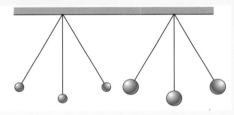

**1** 右の図は，ふりこのようすを表したものです。①～③はそれぞれ何を表していますか。▊▊から選んで書きましょう。

（1つ15点）

▊ふりこの長さ
1往復（おうふく）　ふれはば

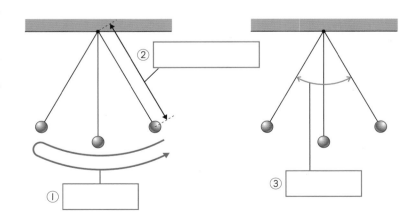

②

①

③

## 2 次の文は，ふりこが１往復する時間について書いたものです。（　）にあてはまることばを，　　から選んで書きましょう。

（１つ15点）

(1) 右の図のふりこのように，

（　　　　　　　　）が変わると，

ふりこが１往復する時間も変わる。

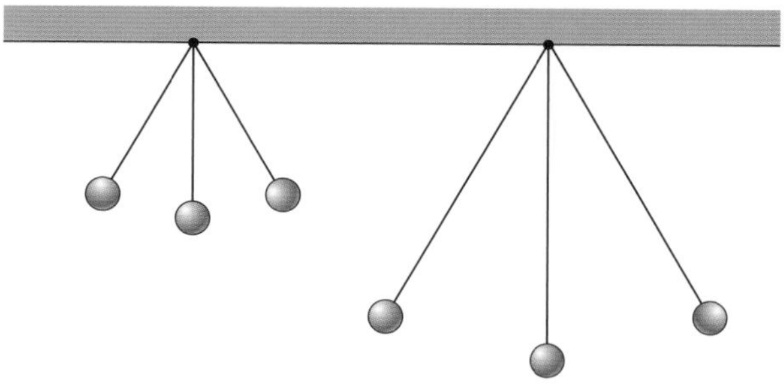

(2) 右の図のふりこのように，

（　　　　　　　　）が変わっても，ふりこが１往復する時間は変わらない。

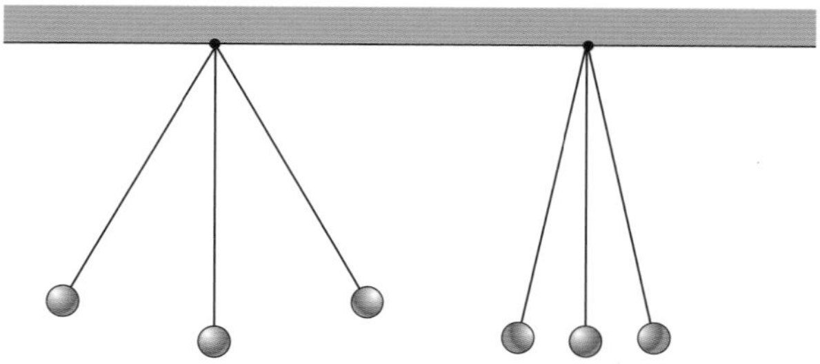

(3) 右の図のふりこのように，

（　　　　　　　　）が変わっても，ふりこが１往復する時間は変わらない。

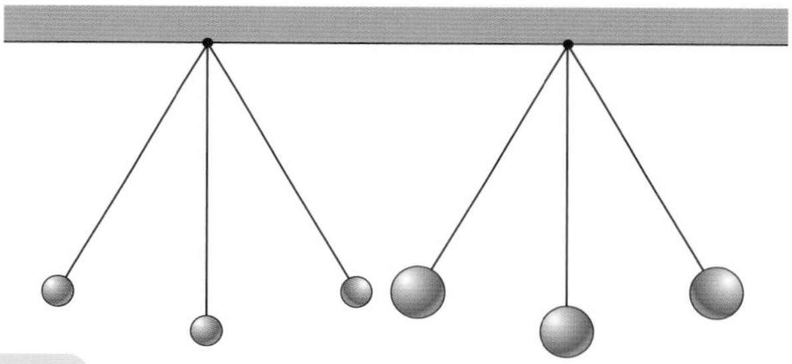

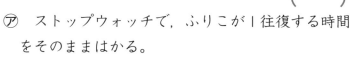

ふれはば　　おもりの重さ　　ふりこの長さ

## 3 ふりこが１往復する時間を調べます。正しいのはどちらですか。次の㋐，㋑から選びましょう。　（10点）

（　　）

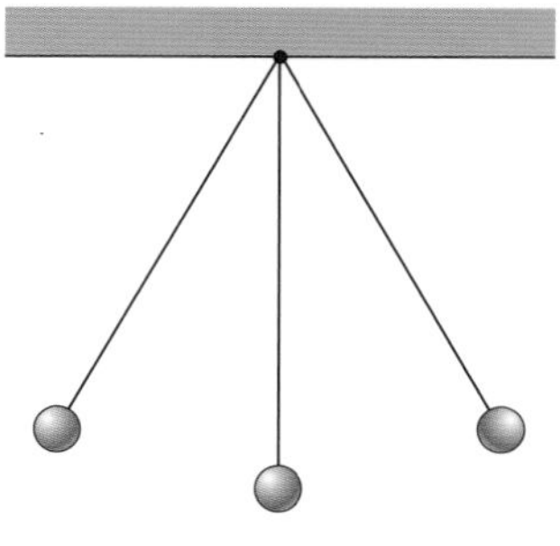

㋐ ストップウォッチで，ふりこが１往復する時間をそのままはかる。

㋑ ストップウォッチで，ふりこが10往復する時間を３回はかり，計算で１往復する時間を求める。

**注意**

ふりこのふれはばについては，右のように表している教科書もあります。

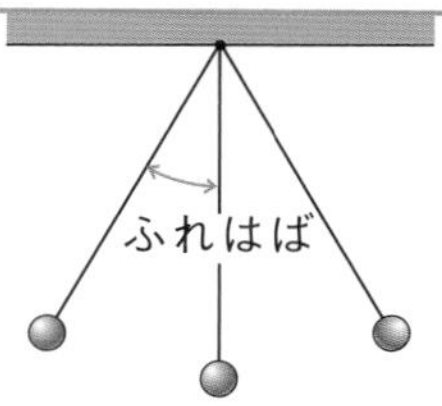

# 48 ふりこの動き②

答え➡別冊解答13ページ

得点

/100点

**1** 次の2つのふりこが1往復する時間を比べたとき，1往復する時間が長いのはどちら
ですか。それぞれ選びましょう。ただし，1往復する時間が同じときは，「同じ」と書き
ましょう。
（1つ10点）

(1) ふりこの長さが短いふりこと，長
いふりこ

（　　　　　　　）

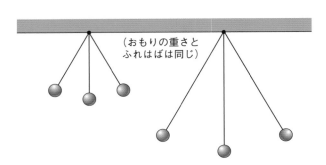

（おもりの重さと
ふれはばは同じ）

(2) ふりこのふれはばが大きいふりこ
と，小さいふりこ

（　　　　　　　）

（おもりの重さと
ふりこの長さは同じ）

(3) おもりの重さが軽いふりこと，重
いふりこ

（　　　　　　　）

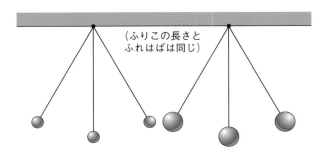

（ふりこの長さと
ふれはばは同じ）

**2** ふりこが1往復する時間を長くするためにはどうすればよいですか。次の⑦〜⑦から
選びましょう。
（10点）

（　　　）

⑦　おもりの重さを重くする。

④　ふりこのふれはばを大きくする。

⑦　ふりこの長さを長くする。

**3** ふりこが１往復する時間を調べるため，ふりこが10往復する時間をはかりました。次のそれぞれのふりこが１往復する時間を，計算で求めましょう。答えは四捨五入し，小数第１位まで求めましょう。 （1つ10点）

(1) 10往復する時間をはかった結果

　　 １回目…16.5秒　　　２回目…15.9秒　　　３回目…15.6秒

　　（式）

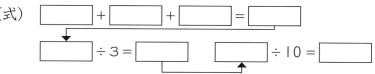

　　　　　　　　　　　　　　　　　　　　　　　　　　　　（　　　　　　秒）

(2) 10往復する時間をはかった結果

　　 １回目…14.2秒　　　２回目…14.7秒　　　３回目…14.6秒

　　（式）

　　　　　　　　　　　　　　　　　　　　　　　　　　　　（　　　　　　秒）

(3) 10往復する時間をはかった結果

　　 １回目…14.8秒　　　２回目…15.1秒　　　３回目…15.4秒

　　（式）

　　　　　　　　　　　　　　　　　　　　　　　　　　　　（　　　　　　秒）

**4** 次の３つのふりこのうち，１往復する時間がほかの２つよりも短いものを，それぞれ選びましょう。 （1つ15点）

(1) （　　　　）

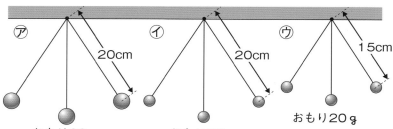

(2) （　　　　）

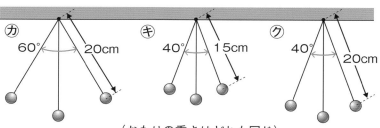

**49** 単元のまとめ

答え➡別冊解答13ページ

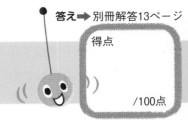

得点

/100点

**1** ふりこが1往復する時間について，次の問題に答えましょう。

（1つ10点）

（1） 図1のように，おもりの重さが軽いふりこと，重いふりこを比べたとき，ふりこが1往復する時間が長いのはどちらですか。同じときは，「同じ」と書きましょう。

（　　　　　　　　）

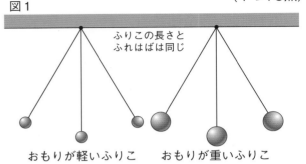

図1

ふりこの長さとふれはばは同じ

おもりが軽いふりこ　　おもりが重いふりこ

（2） 図2のように，ふりこの長さが短いふりこと，長いふりこを比べたとき，ふりこが1往復する時間が長いのはどちらですか。同じときは，「同じ」と書きましょう。

（　　　　　　　　）

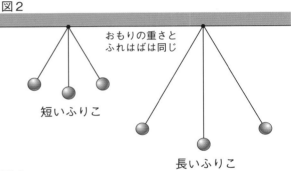

図2

おもりの重さとふれはばは同じ

短いふりこ

長いふりこ

（3） 図3のように，ふりこのふれはばが大きいふりこと，小さいふりこを比べたとき，ふりこが1往復する時間が長いのはどちらですか。同じときは，「同じ」と書きましょう。

（　　　　　　　　）

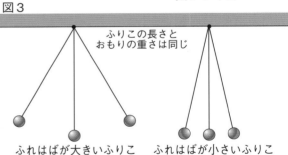

図3

ふりこの長さとおもりの重さは同じ

ふれはばが大きいふりこ　　ふれはばが小さいふりこ

**2** ふりこが1往復する時間を調べるために，ふりこが10往復する時間を3回はかり，計算で1往復する時間を求めました。このようにして求めるのはどうしてですか。次の⑦〜⑤から選びましょう。

（10点）

⑦ ふりこが1往復する時間は，10往復する時間と同じだから。

（　　　）

⑦ ふりこが1往復する時間は，1回だけはかったのでは，正確にはかるのがむずかしいから。

⑤ ふりこが1往復する時間は，どんどん変わっていくから。

⑤ ふりこが1往復する時間は，計算で求めたほうが，早くわかるから。

**3** 次の3つのふりこのうち，1往復する時間がほかの2つよりも短いものを，それぞれ選びましょう。3つとも同じときは，「同じ」と書きましょう。 （1つ15点）

(1) （　　　　　）

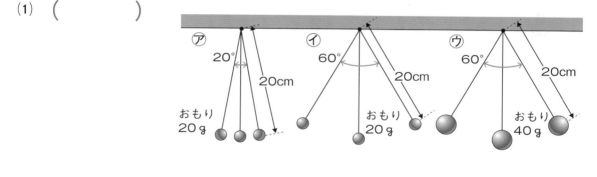

(2) （　　　　　）

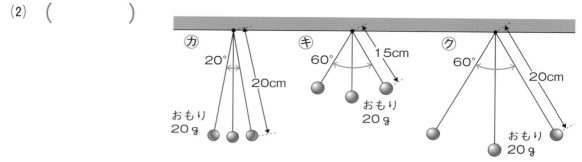

(3) （　　　　　）

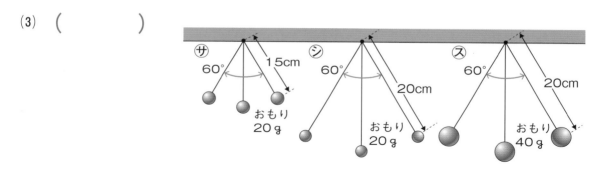

**4** 右の表は，ふりこが10往復する時間を3回はかった結果を表にしたものです。このふりこが1往復する時間を，計算で求めましょう。答えは四捨五入し，小数第1位まで求めましょう。

| 回　数 | 1回目 | 2回目 | 3回目 |
|---|---|---|---|
| 10往復する時間 | 15.1秒 | 14.6秒 | 14.7秒 |

（15点）

（式）

（　　　　　　　　秒）

# ガリレイの発見とふりこの共振

## ガリレイが発見したものとは？

ふりこの長さが変わると，1往復(おうふく)する時間が変わることを学習しましたね。

このきまりを発見したのは，イタリアの科学者ガリレオ・ガリレイです。

1583年，18さいの医学生だったガリレオ・ガリレイは，ピサの町の教会の礼はい堂で，シャンデリアがゆれているようすを観察して，ふりこの性質(せいしつ)を発見しました。

ガリレイは，ふりこ時計の原理や温度計を発明するなど，「近代科学の父」とよばれています。

ふりこ時計やメトロノームは，「ふりこの性質」を利用した道具です。

▲ふりこ時計

▲メトロノーム

この単元では，ふりこの動きについて学習しました。ここでは，ガリレイの発見とふりこの共振（きょうしん）について調べます。

## ふりこの不思議

　はりわたした糸に，２つのふりこをつるし，そのかた方だけをゆらしてみましょう。

　しばらくすると，ふりこのゆれがしだいに小さくなっていくのですが……あーら不思議，もうかた方のふりこがゆれ始めたではありませんか。

　後からゆれだしたふりこのゆれは，だんだん大きくなっていきますが，はじめにゆらせたふりこのゆれは，やがてとまってしまいます。

　このような現象（げんしょう）を，「ふりこの共振（きょうしん）」といいます。

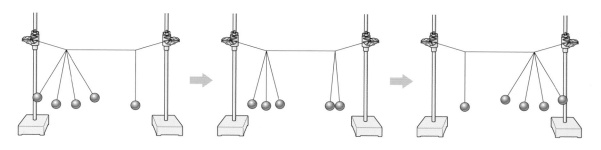

左のふりこだけをふらせると……。

右のふりこもゆれ始めた！

右のふりこのゆれは大きくなり，左のふりこのゆれはとまってしまった。

　ただし，ふりこの共振は，どんなふりこの組み合わせでも起きるわけではありません。長さが同じふりこではよく起きますが，長さがちがうとほとんど起きないこともあります。

### 自由研究のヒント

　いろいろなふりこを作って，共振が起きるかどうかを調べてみましょう。

　また，共振がどんなしくみで起きているのかを，図書館の本や，インターネットを使って調べてみましょう。

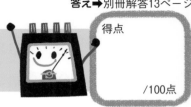

得点

/100点

第8章　電磁石の性質

## 50 電磁石のはたらき①

覚えよう

### コイルと電磁石

**コイル**　導線を同じ向きにまいたものをコイルという。

**電磁石**　コイルに鉄しんを入れ，電流を流すと，鉄しんが鉄を引きつけるようになる。これを電磁石という。

導線（エナメル線）

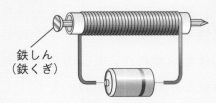

鉄しん（鉄くぎ）

### 電磁石の性質

電磁石は，電流を流したときに磁石と同じはたらきをする。

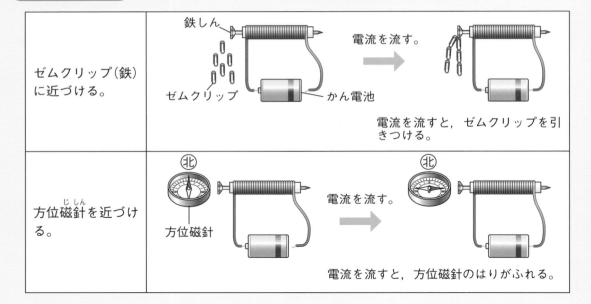

| ゼムクリップ（鉄）に近づける。 | 鉄しん　ゼムクリップ　かん電池　電流を流す。　電流を流すと，ゼムクリップを引きつける。 |
| --- | --- |
| 方位磁針を近づける。 | 方位磁針　電流を流す。　電流を流すと，方位磁針のはりがふれる。 |

---

**1** 右の図は，コイルと電磁石です。（　）にあてはまることばを，�から選んで書きましょう。

（1つ11点）

導線を同じ向きにまいたものを①（　　　　　）という。

①に鉄しんを入れ，電流を流すと鉄を引きつけるようになる。これを②（　　　　　）という。

　ぼう磁石　　コイル　　電磁石

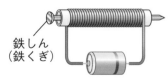

鉄しん（鉄くぎ）

**2** 下の図は，電磁石のつくりを表したものです。□にあてはまることばを， ▢ から選んで書きましょう。

（1つ11点）

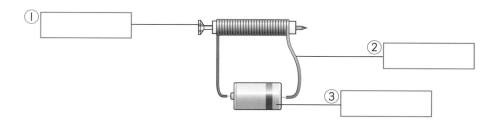

①

②

③

▢ 導線　　ゼムクリップ　　鉄しん　　かん電池

**3** 下の図は，電磁石の性質についてまとめたものです。（　）にあてはまることばを， ▢ から選んで書きましょう。

（1つ15点）

（1）ゼムクリップ（鉄）に近づける。

鉄しん

ゼムクリップ

かん電池

電流を流す。

電流を流すと，ゼムクリップを（　　　　　　　）。

（2）方位磁針を近づける。

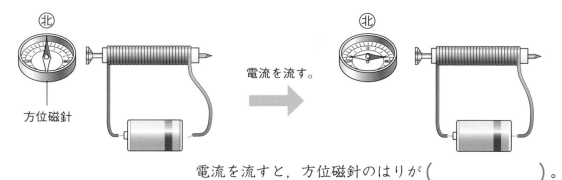

㊗北

方位磁針

電流を流す。

㊗北

電流を流すと，方位磁針のはりが（　　　　　　　）。

（3）電磁石に電流を流すと，（　　　　　　）と同じはたらきをする。

▢ ふれる　　熱くする　　引きつける　　磁石

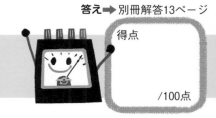

答え➡別冊解答13ページ

**51 電磁石のはたらき②**

得点

/100点

**1** 電磁石のつくりについて，次の問題に答えましょう。

（1つ8点）

(1) 右の図のように，導線（エナメル線）を同じ向きにまいたものを何といいますか。

（　　　　　　　）

(2) 右の図のように，(1)の中にAを入れて電流を流すと，ゼムクリップを多く引きつけました。Aは，何でできたものですか。次の㋐～㋒から選びましょう。

（　　）

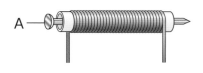

㋐　プラスチック　　　㋑　鉄

㋒　アルミニウム

(3) 電流を流している間，Aが(2)のようになることを何といいますか。

（　　　　　　　）

**2** 下の図は，電磁石のはたらきのうちの1つについて表したものです。次の問題に答えましょう。

（1つ8点）

A

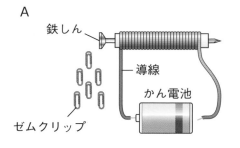

鉄しん

導線

かん電池

ゼムクリップ

B

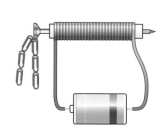

(1) AとBの図のうち，導線に電流が流れているのはどちらですか。　（　　）

(2) 電磁石が，磁石としてはたらくには，コイルに何が流れる必要がありますか。

（　　　　　　　）

(3) ぼう磁石は，鉄を引きつけますが，電磁石はどうですか。次の㋐～㋒から正しいものを選びましょう。　（　　）

㋐　電気を通す金属であれば，アルミニウムでも引きつける。

㋑　電気を通さないものであれば，紙でも引きつける。

㋒　ぼう磁石と同じで，鉄を引きつける。

## 3 方位磁針を使って，電磁石の性質を調べます。これについて，次の問題に答えましょう。なお，この図では，上が北，右が東，下が南，左が西を表します。　（1つ9点）

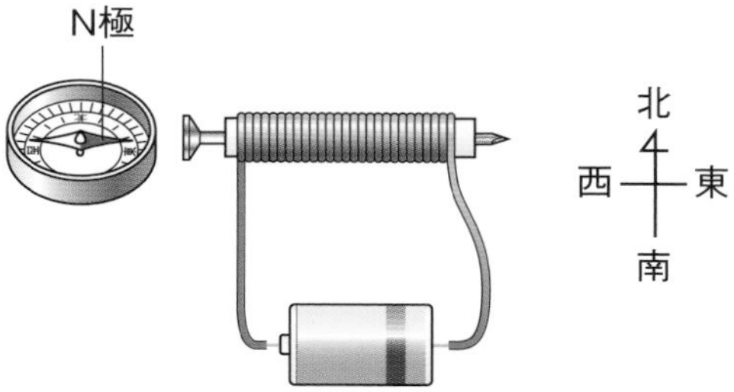


(1) 右の図は，電磁石に電流を流したときのようすです。この後，電流を切ると，方位磁針のはりはどうなりますか。下の㋐，㋑から選びましょう。　（　　）

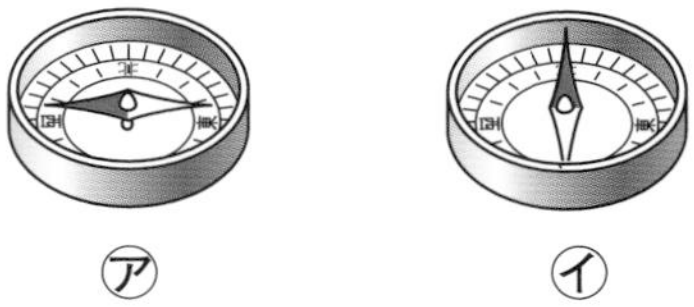


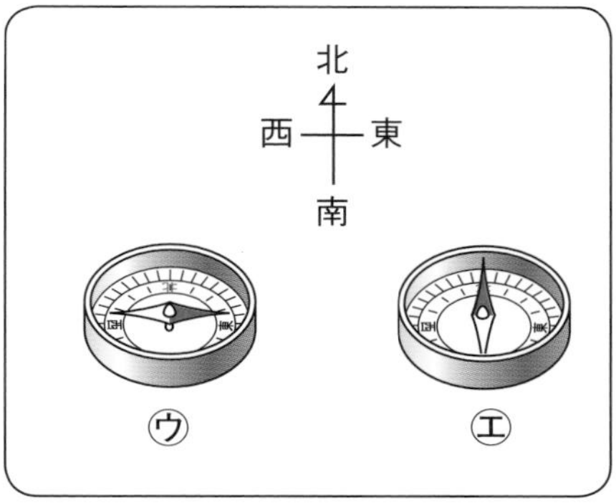


(2) 電磁石に，ふたたび電流を流しました。このとき，方位磁針のはりはどうなりますか。右の㋒，㋓から選びましょう。

（　　）

(3) 右の図のように，電磁石の右側に方位磁針を置いて，電流を流しました。このとき，方位磁針のはりはどうなりますか。(2)の㋒，㋓から選びましょう。　（　　）

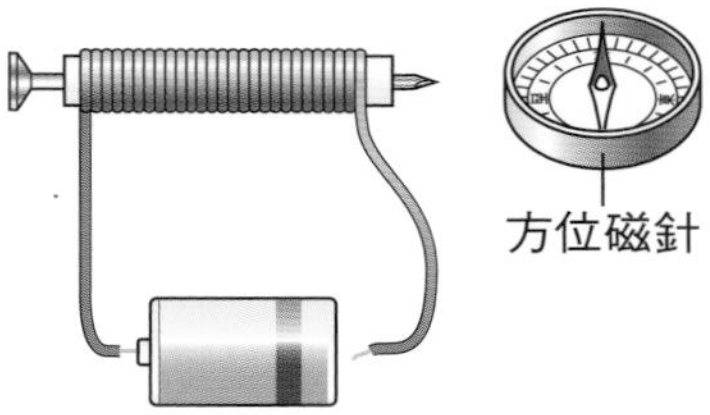


## 4 次の文は，電磁石やコイルの性質について書いたものです。正しいものには○，まちがっているものには×を書きましょう。　（1つ5点）

①（　　）　電磁石は，鉄以外でも電気を通すもの（金属）であれば，引きつけることができる。

②（　　）　電磁石は，一度電流を流すと，その後で電流を切ってもぼう磁石のようにずっと磁石としてのはたらきをする。

③（　　）　電磁石は，コイルに電流が流れている間だけ磁石のはたらきをし，電流を切ると磁石のはたらきをしない。

④（　　）　電磁石に方位磁針を近づけても，方位磁針のはりは，つねに北をさし続ける。この点が，ぼう磁石と性質が異なる。

⑤（　　）　コイルは，電流が流れる前から磁石のはたらきをする。

答え➡別冊解答14ページ

# 52 電磁石の強さ①

得点

/100点

覚えよう

## 電流の大きさと電磁石の強さ

| かん電池1個 | かん電池2個を直列につなぐ | わかること |
|---|---|---|
| 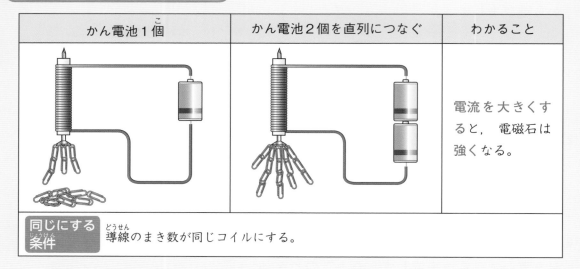 | | 電流を大きくすると，電磁石は強くなる。 |

**同じにする条件** 導線のまき数が同じコイルにする。

## 導線のまき数と電磁石の強さ

| 導線50回まき | 導線100回まき | わかること |
|---|---|---|
| 余った導線 | | コイルの導線のまき数を多くすると，電磁石は強くなる。 |

**同じにする条件**
・かん電池の数（電流の大きさ）は同じにする。
・導線の全部の長さは同じにする。

**1** 電流の大きさと電磁石の強さを調べる実験をします。（　）にあてはまることばを，　　から選んで書きましょう。

（9点）

> かん電池の数が1個の場合と，直列つなぎの2個の場合を比べる実験で，同じにしなければならない条件は，導線のまき数が（　　　　　）コイルを使うことである。

同じ
ちがう

**2** 下の図は，電流の大きさと電磁石の強さを調べる実験です。（ ）にあてはまることばを，▢▢から選んで書きましょう。

（1つ13点）

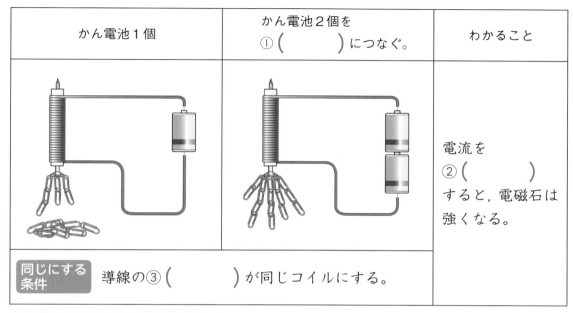

| かん電池1個 | かん電池2個を<br>①（　　　　）につなぐ。 | わかること |
|---|---|---|
| | | 電流を<br>②（　　　　）すると，電磁石は強くなる。 |
| **同じにする条件** 導線の③（　　　　）が同じコイルにする。 | | |

> 色　　まき数　　大きく　　小さく　　直列　　へい列

**3** 下の図は，導線のまき数と電磁石の強さを調べる実験です。（ ）にあてはまることばを，▢▢から選んで書きましょう。

（1つ13点）

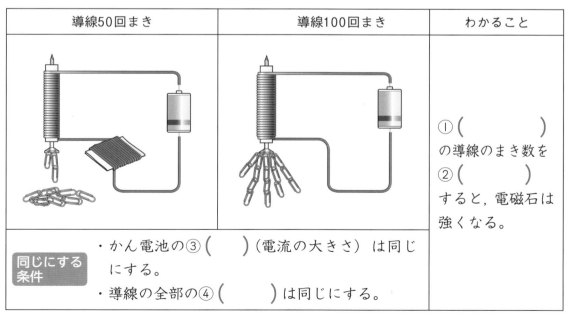

| 導線50回まき | 導線100回まき | わかること |
|---|---|---|
| | | ①（　　　　）の導線のまき数を②（　　　　）すると，電磁石は強くなる。 |
| **同じにする条件**<br>・かん電池の③（　　　）（電流の大きさ）は同じにする。<br>・導線の全部の④（　　　）は同じにする。 | | |

> 数　　色　　少なく　　多く　　長さ　　まき数　　かん電池　　コイル

答え➡別冊解答14ページ

# 53 電磁石の強さ②

得点

/100点

**1** 下の図は，電流の大きさを変えると，電磁石の強さがどのようになるかを調べる実験です。これについて，次の問題に答えましょう。

（1つ8点）

A

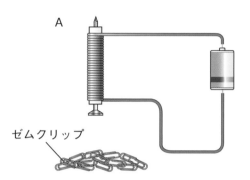

ゼムクリップ

B

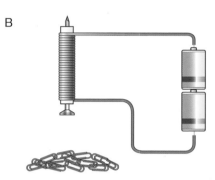

(1) この実験で使うA，Bの電磁石で，同じにしておかなければならない条件は，何ですか。ただし，導線全部の長さはAもBも同じとします。

（　　　　　　　　　　　　　　　）

(2) A，Bの電磁石で，流れている電流が大きいのは，どちらですか。　（　　　）

(3) ゼムクリップに近づけたとき，ゼムクリップを多く引きつけるのは，A，Bのどちらですか。　（　　　）

(4) 電磁石の強さが強いのは，A，Bのどちらですか。　（　　　）

(5) 電流を大きくすると，電磁石の強さはどうなりますか。

（　　　　　　　　　　　　　　　）

**2** 下の図の電磁石は，**1**の実験で使用したものと同じものです。ここでは，かん電池3個を直列につないだもので実験します。これについて，次の問題に答えましょう。

（6点）

このときの電磁石の強さは，かん電池2個を直列につないだものと比べて，どのようになると予想されますか。

（　　　　　　　　　　　）

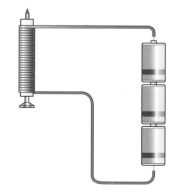

## 3

下の図は，導線のまき数を変えると，電磁石の強さがどのようになるかを調べる実験です。これについて，次の問題に答えましょう。（1つ8点）

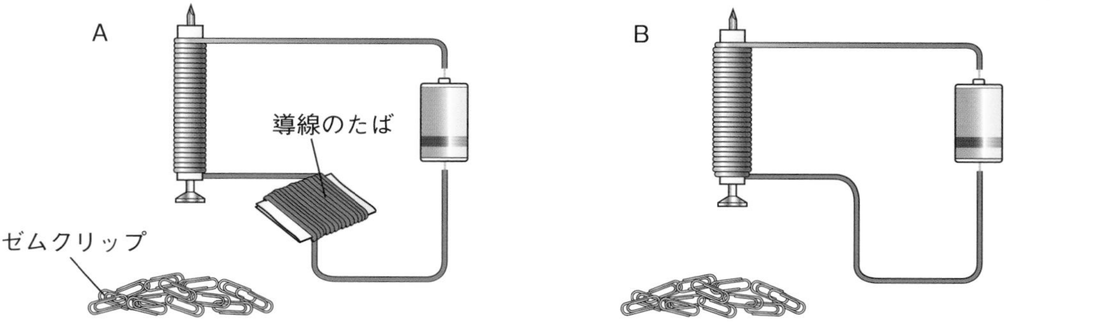


(1) Aは50回まき，Bは100回まきの電磁石です。Aの電磁石には，Bに比べてたばにした余分（よぶん）な導線があります。そのようにした理由を書きましょう。

（　　　　　　　　　　　　　　　　　　　　　　　　）

(2) ゼムクリップに近づけたとき，ゼムクリップを多く引きつけるのは，A，Bのどちらですか。（　　　）

(3) 電磁石の強さが強いのは，A，Bのどちらですか。（　　　）

(4) 導線のまき数を多くすると，電磁石の強さはどうなりますか。

（　　　　　　　　　　　　　　　　　　　　　　　　）

## 4

電磁石は，ぼう磁石とちがって，磁石としての強さを変えることができます。磁石としての強さを変える方法を2つ書きましょう。（1つ8点）

（　　　　　　　　　　　　　　　　　　　　　　　　）

（　　　　　　　　　　　　　　　　　　　　　　　　）

## 5

強い電磁石をつくろうと思います。いちばん強い電磁石はどれですか。次の㋐～㋓から選びましょう。ただし，㋐～㋓の導線全部の長さは，すべて同じです。（6点）

（　　　）

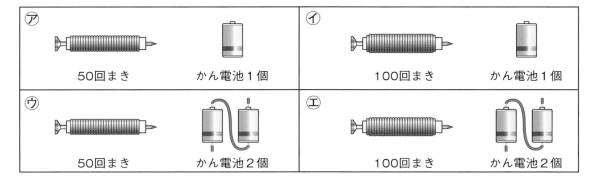

| | |
|---|---|
| ㋐ 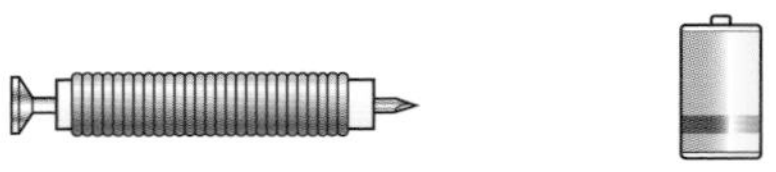 50回まき　かん電池１個 | ㋑ 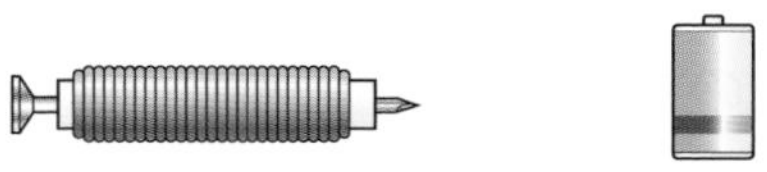 100回まき　かん電池１個 |
| ㋒ 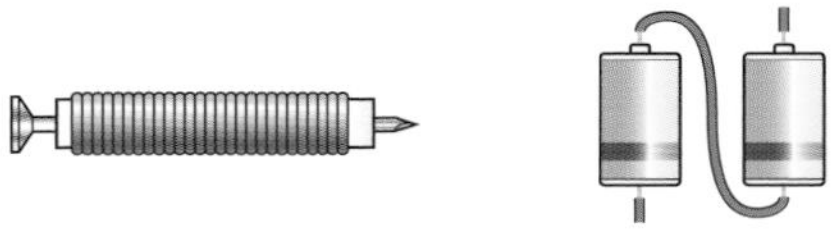 50回まき　かん電池２個 | ㋓ 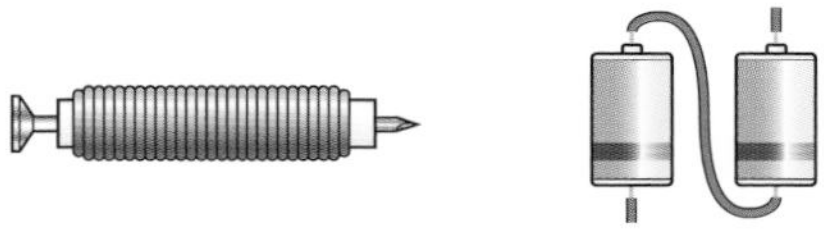 100回まき　かん電池２個 |

答え➡別冊解答14ページ

# 54 電磁石の極①

得点

/100点

覚えよう

**電磁石の極** コイルに電流を流すと，電磁石にＮ極とＳ極ができる。

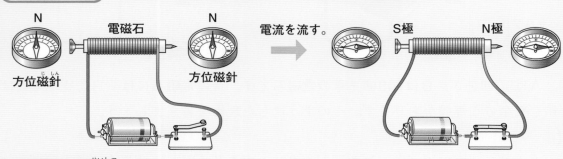

電流を流す。

**電磁石の極の性質**

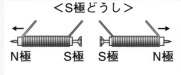

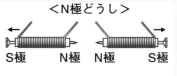

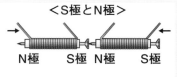

| ＜Ｓ極どうし＞ | ＜Ｎ極どうし＞ | ＜Ｓ極とＮ極＞ |
|---|---|---|
| 反発し合う。 | 反発し合う。 | 引きつけ合う。 |

同じ極どうし（Ｎ極－Ｎ極，Ｓ極－Ｓ極）は反発し合い，異なる極どうし（Ｎ極－Ｓ極，Ｓ極－Ｎ極）は引きつけ合う。

**極を入れかえる** コイルに流れる電流の向きを変えると，電磁石のＮ極とＳ極が入れかわる。

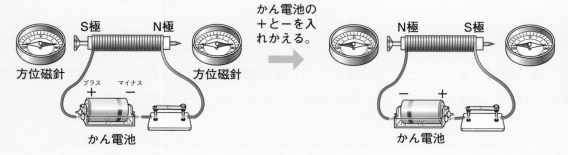

かん電池の＋と－を入れかえる。

① 次の文は，電磁石の極について書いたものです。（　）にあてはまることばを，　　から選んで書きましょう。　　（10点）

[ 電磁石に電流を流すと，
（　　　）極とＳ極ができる。 ]

　＋　　－　　Ｎ

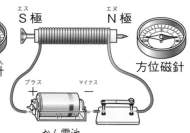

**2** 下の図と文は，電磁石の極の性質についてまとめたものです。□や（ ）にあてはまることばを， ■から選んで書きましょう。 （1つ10点）

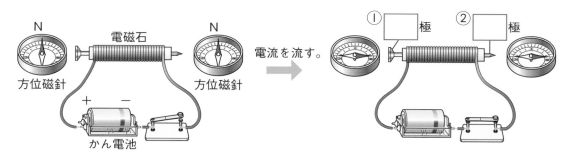

・電磁石の極の性質

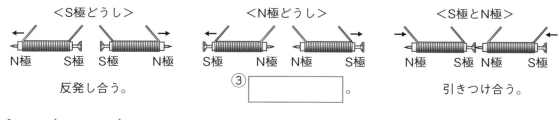

&lt;S極どうし&gt; 　　　　　　　&lt;N極どうし&gt; 　　　　　　　&lt;S極とN極&gt;

N極　S極　S極　N極 　　S極　N極　N極　S極 　　N極　S極 N極　S極

反発し合う。　　　　　　③ □　　　　　　。　　　　　　引きつけ合う。

④（ 　　　 ）極どうし（N極－N極， S極－S極）は反発し合い，

⑤（ 　　　 ）極どうし（N極－S極， S極－N極）は引きつけ合う。

異なる　　同じ　　＋　　－　　N　　S　　引きつけ合う　　反発し合う

**3** 下の図と文は，電磁石の極の入れかえについてまとめたものです。□や（ ）にあてはまることばを， ■から選んで書きましょう。 （1つ10点）

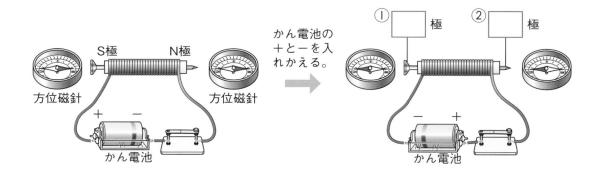

コイルに流れる電流の③（ 　　　　　　 ）を変えると，電磁石の

④（ 　　　　　　 ）が入れかわる。

大きさ　　向き　　N　　S　　N極とS極

答え➡ 別冊解答14ページ

得点

/100点

## 55 電磁石の極②

**1** 下の図は，電磁石の性質を調べる実験を表したものです。これについて，次の問題に答えましょう。

（1つ7点）

(1) Ａの位置に方位磁針を置くと，Ｎ極が引きつけられました。電磁石のＢとＣの部分は，それぞれ何極ですか。

Ｂ（　　　　　　）
Ｃ（　　　　　　）

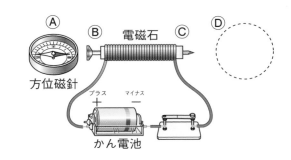

(2) Ｄの位置にもう1つ方位磁針を置きます。そのときのはりの向きを，右の㋐〜㋑から選びましょう。（　　　）

㋐　　　　　　㋑　　　　　　㋒　　　　　　㋓

(3) かん電池の向きを変え，＋極と−極を入れかえました。このとき，ＡとＤの位置に置いた方位磁針のはりの向きは，どのようになりますか。上の㋐〜㋓から選びましょう。

Ａ（　　　）　Ｄ（　　　）

**2** 下の図は，電磁石の極の性質を調べる実験です。電磁石の極の性質と，ぼう磁石の極の性質を比べて正しいものを，次の㋐〜㋒から選びましょう。

（7点）

（　　　）

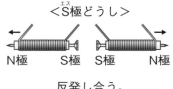
＜S極どうし＞
N極　S極　S極　N極
反発し合う。

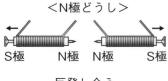
＜N極どうし＞
S極　N極　N極　S極
反発し合う。

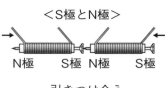
＜S極とN極＞
N極　S極 N極　S極
引きつけ合う。

㋐　電磁石，ぼう磁石とも，Ｎ極どうしは反発し合うが，Ｓ極どうしは引きつけ合う。

㋑　電磁石の極には，ぼう磁石の極のような性質はない。

㋒　電磁石の極にも，ぼう磁石の極と同じ性質がある。

## 3 下の図は，電磁石の極と電流の流れる向きとの関係を調べる実験です。これについて，次の問題に答えましょう。

（１つ８点）

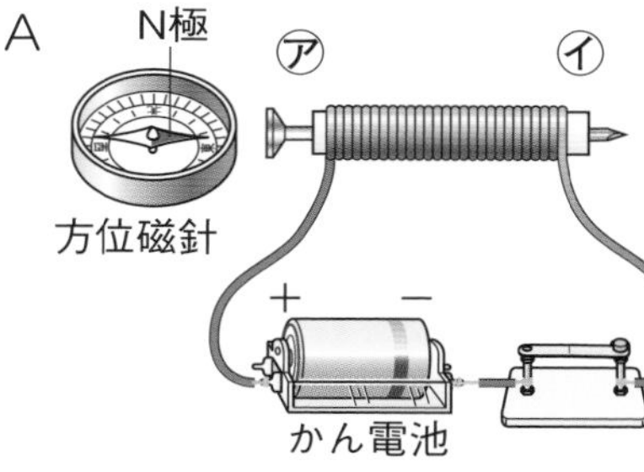


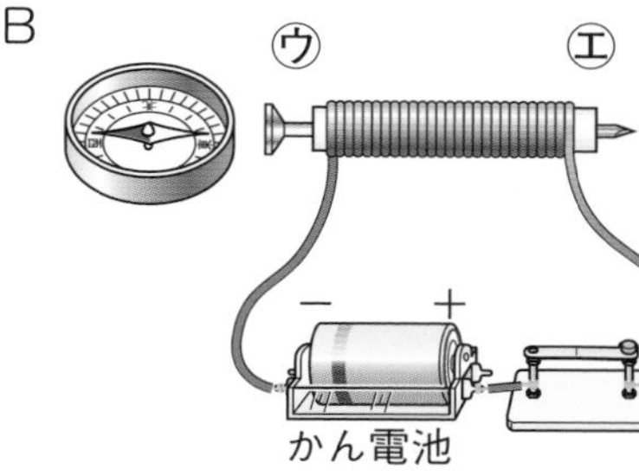


(1)　ＡとＢの電磁石の㋐と㋒の部分は，何極になっていますか。

㋐（　　　　　　）　㋒（　　　　　　）

(2)　ＡとＢの電磁石のかん電池の向きをそれぞれ変えました。そのとき，㋐と㋒の部分の極は，それぞれ何極ですか。

㋐（　　　　　　）　㋒（　　　　　　）

(3)　電池の向きを変えることは，電流の向きを変えることです。電流の向きを変えると，電磁石の極はどうなりますか。

（　　　　　　　　　　　　　　　　）

## 4 電磁石の極の性質について，３年生のときに勉強したぼう磁石の極の性質と比べながら考えてみます。これについて，次の問題に答えましょう。

（１つ９点）

(1)　電磁石のもっている極について，あてはまるものを，次の㋐～㋒から選びましょう。（　　）

㋐　ぼう磁石には，Ｎ極とＳ極があるが，電磁石は，電流の向きによってＮ極だけの場合と，Ｓ極だけの場合がある。

㋑　電磁石には，Ｎ極とＳ極のほかに，電流の向きを変えるとＶ(ブイ)極とＷ(ダブリュー)極ができる。

㋒　電磁石の極は，ぼう磁石の極と同じで，Ｎ極とＳ極の２つである。

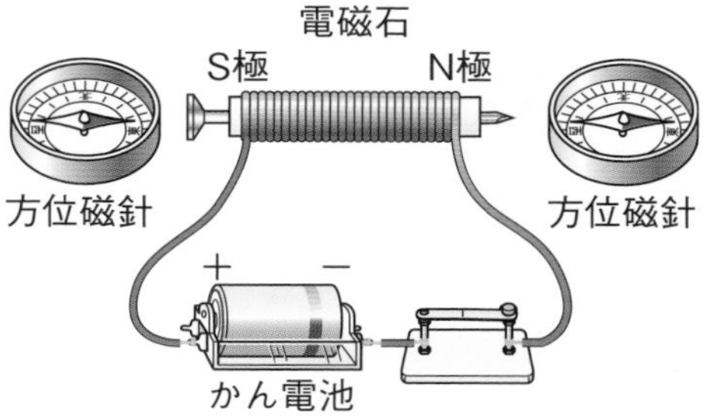


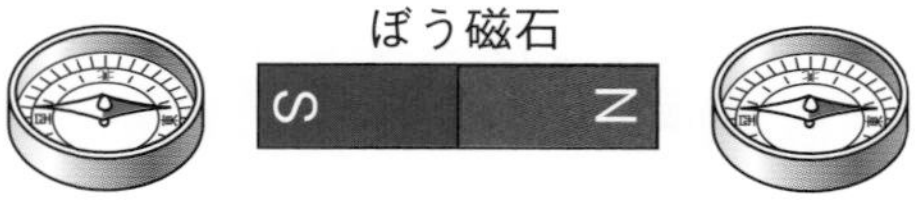


(2)　電磁石のＮ極にぼう磁石のＮ極を近づけると，電磁石とぼう磁石はどうなりますか。

（　　　　　　）

答え➡別冊解答14ページ

# 56 電流計の使い方①

得点

/100点

覚えよう

## 電流計の使い方

電流計を使うと，回路を流れる電流の大きさをはかることができる。

### 電流計

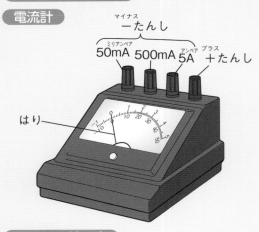

マイナス
−たんし

ミリアンペア
50mA　500mA　アンペア　プラス
5A　＋たんし

はり

### 使い方

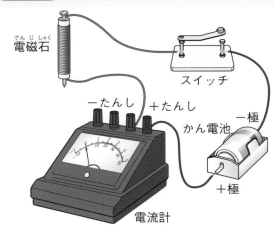

でんじしゃく
電磁石

スイッチ

−たんし　＋たんし

どうせん
かん電池

−極

＋極

電流計

### 目もりの読み方

５Ａのたんしに
つないだとき
➡1.5Aの電流が
流れている。

500mAのたんし
につないだとき
➡300mAの電流
が流れている。

①電流計は，回路の間にかん電池と直列につなぐ。

②かん電池の＋極側の導線を，電流計の＋たんしにつなぐ。

③かん電池の−極側の導線を，電流計の５Ａの−たんしにつないでから，スイッチを入れる。はりのふれが小さいときは，500mA，50mAと−たんしを順につなぎかえる。

注意 電流計にかん電池だけをつないではいけない。

---

**1** 　右の図は，電流の大きさをはかる器具を表したものです。次の文の（　）にあてはまることばを，　　　から選んで書きましょう。

（１つ10点）

（1）　右の図の（　　　　　　　　）を使うと，電流の大きさをはかることができる。

（2）　電流計は，回路の間にかん電池と（　　　　　　　　）につなぐ。

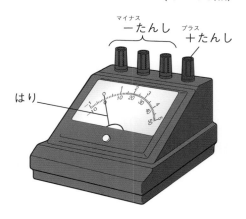

マイナス
−たんし
プラス
＋たんし

はり

　　電流計　　直列　　へい列
　　＋たんし　　−たんし

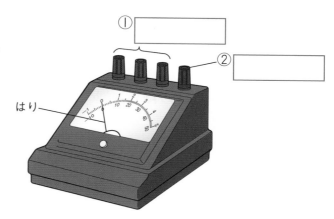

**2** 右の図の，□にあてはまること
ばを，▨から選んで書きましょう。

（1つ10点）

```
＋極    －極    ＋たんし
－たんし
```

**3** 右の図は，電流計を回路につないだと
ころです。　電流計のつなぎ方について，
（　）にあてはまることばを，▨から
選んで書きましょう。　（1つ10点）

(1)　電流計は，(　　　　　　)の間に，
かん電池と直列につなぐ。

(2)　かん電池の＋極側の導線を，電流計
の(　　　　　　)につなぐ。

(3)　かん電池の－極側の導線を，電流計
の①(　　　　　　)の－たんしにつないでから，スイッチを入れる。はりのふれが
小さいときは，②(　　　　　　)，50mAと③(　　　　　　)を順につなぎかえる。

```
5A    500mA    回路    ＋たんし    －たんし    ＋極    －極
```

**4** 次の図は，　5Ａの－たんしにつないだものと，500mAの－たんしにつないだものの
はりのふれです。それぞれに流れている電流の大きさを，▨から選んで書きましょう。

（1つ5点）

(1)　5Ａにつないだ。

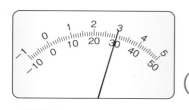

(　　　　)A

(2)　500mAにつないだ。

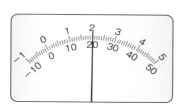

(　　　　)mA

```
0.3    3    30    2    20    200
```

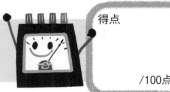

答え➡別冊解答15ページ

# 57 電流計の使い方②

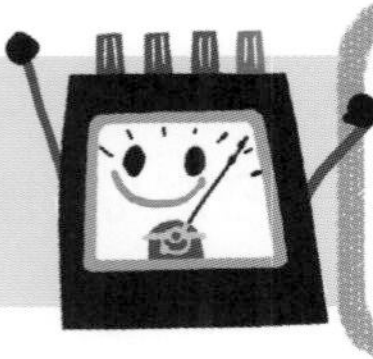

得点　　/100点

**1** 回路を流れる電流の大きさを調べるために，電流計を使いました。これについて，次の問題に答えましょう。（１つ６点）

① 500mA（ミリアンペア）の－（マイナス）たんしにつないだとき

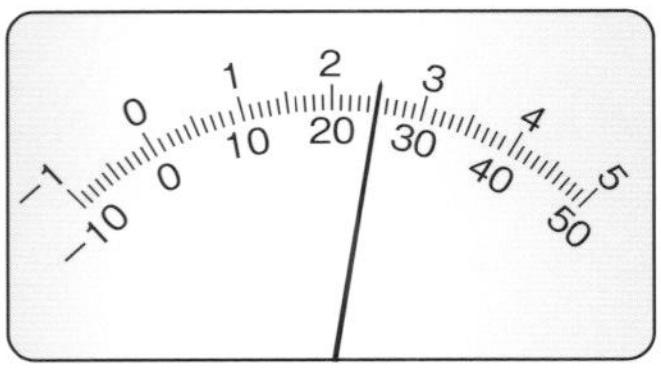


② 5A（アンペア）の－たんしにつないだとき

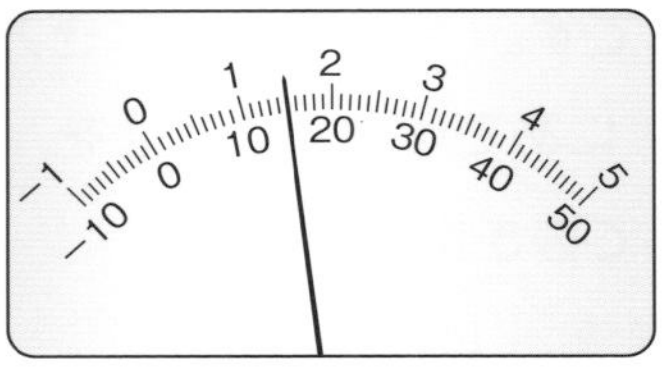


(1) 電流計のはりが右の図のようにふれたとき，流れている電流の大きさはそれぞれいくらですか。

①（　　　　　　）
②（　　　　　　）

(2) 電流計を使うとき，決してしてはいけないのは，どんなことですか。次の㋐～㋒から選びましょう。（　　）

㋐ 電流計にかん電池だけをつなぐ。
㋑ －たんしにつなぐとき，最初に５Ａの－たんしにつなぐ。
㋒ 電流計を回路の間に，かん電池と直列につなぐ。

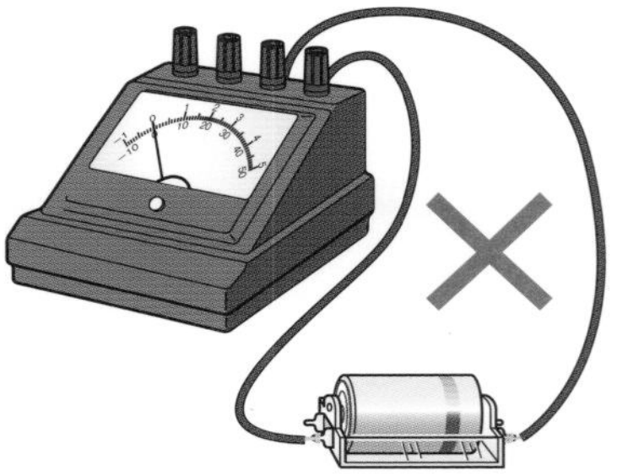

(3) 右の図は，電流計のたんしの部分を表したものです。調べる電流の大きさがわからない回路につなぐ場合，最初にどの－たんしに導線（どうせん）をつなぎますか。

（　　　　　）の－たんし

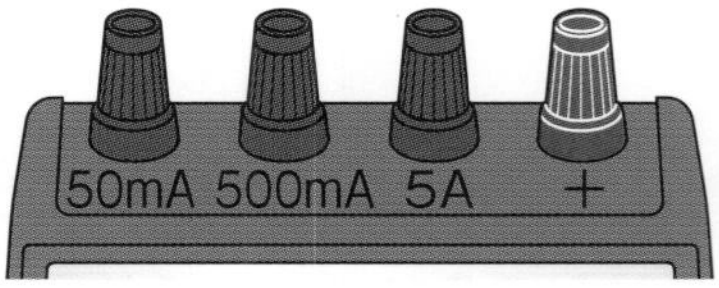


(4) 導線を５Ａの－たんしにつないで電流の大きさをはかると，はりのふれが小さすぎて目もりが読めませんでした。この後，どうしますか。次の㋐～㋒から選びましょう。（　　）

㋐ ＋（プラス）たんしにつないである導線を，500mAの－たんしにつなぎかえる。
㋑ ５Ａにつないだ導線を，50mAの－たんしにつなぎかえる。
㋒ ５Ａにつないだ導線を，500mAの－たんしにつなぎかえる。

## 2 電流計の使い方について，次の問題に答えましょう。

（１つ７点）

(1) 電流計は，調べようとする回路に，どのようにつなぎますか。

（　　　　　　　　　　　　　　）

(2) 右の図で，電流計にある４つのたんしは，＋たんしと，50mA，500mA，５Aの－たんしです。図の㋐～㋓は，それぞれどの たんしですか。

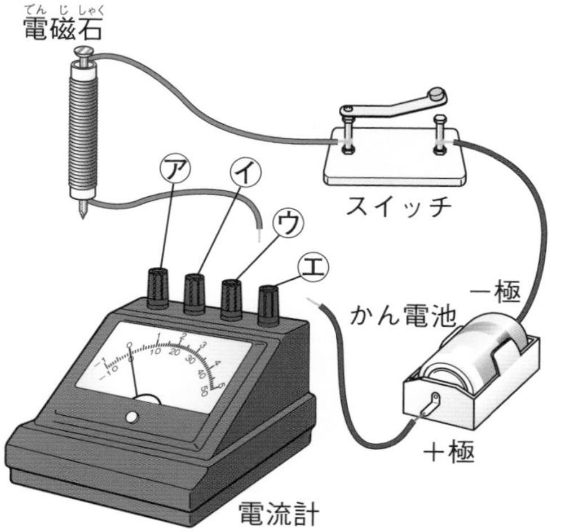


㋐（　　　　　　　　　　）

㋑（　　　　　　　　　　）

㋒（　　　　　　　　　　）

㋓（　　　　　　　　　　）

(3) かん電池の＋極側の導線は，図の㋐～㋓のどのたんしにつなぎますか。（　　）

(4) かん電池の－極側の導線を，５Aの－たんしにつなぐと，はりがほとんどふれませんでした。電流の大きさを正しくはかるには，この後，どうしますか。

（　　　　　　　　　　　　　　　　　　　　　　）

## 3 下の図の㋐，㋑のように，かん電池の数を変えて，電磁石の強さを調べました。これについて，次の問題に答えましょう。

（１つ７点）

㋐

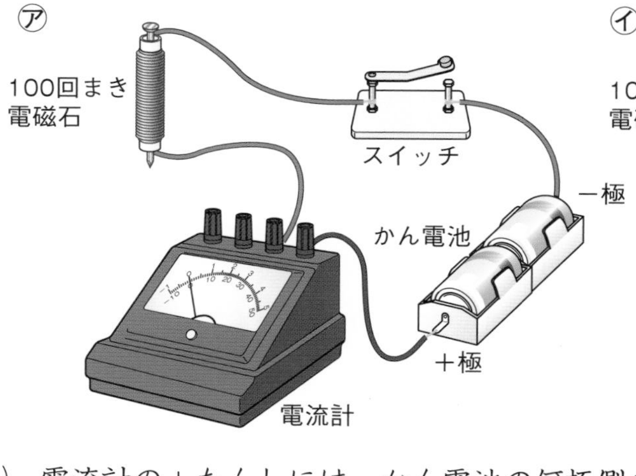


㋑

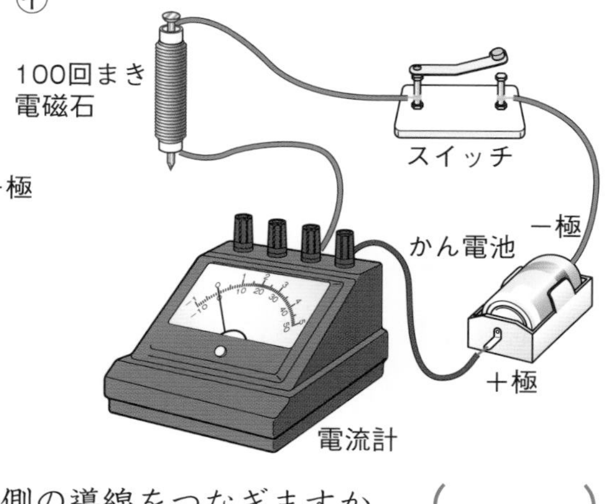


(1) 電流計の＋たんしには，かん電池の何極側の導線をつなぎますか。（　　　）

(2) スイッチを入れたとき，電流計のはりが大きい数値を指すのは，㋐，㋑のどちらですか。

（　　）

(3) 電磁石の強さが強いのは，㋐，㋑のどちらですか。（　　）

答え➡別冊解答15ページ

得点

/100点

# 58 単元のまとめ

**1** 次の文は，電磁石の性質について書いたものです。正しいものには○を，まちがっているものには×を書きましょう。　（1つ6点）

① (　　) N極だけやS極だけの電磁石をつくることができる。

② (　　) 電流を流したときだけ，磁石のはたらきをする。

③ (　　) 電流の大きさを変えると，N極とS極を入れかえることができる。

④ (　　) 導線のまき数を変えることで，電磁石の強さを変えることができる。

⑤ (　　) 一度電流を流すと，その後に電流を切っても，ずっと磁石である。

⑥ (　　) 電流を大きくすると，電磁石の鉄を引きつける力が強くなる。

**2** 電磁石の強さについて，次の問題に答えましょう。ただし，㋐〜㋓の導線全部の長さは，すべて同じです。　（1つ5点）

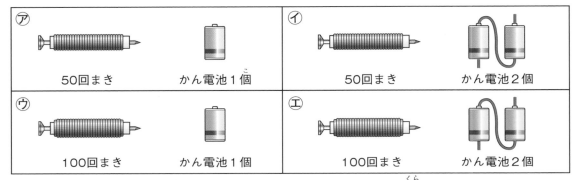

㋐　50回まき　かん電池1個

㋑　50回まき　かん電池2個

㋒　100回まき　かん電池1個

㋓　100回まき　かん電池2個

(1) 導線のまき数と電磁石の強さを調べるには，㋐とどれを比べるとよいですか。
　　　　　　　　　　　　　　　　　　　　　　　　　　　(　　　　)

(2) 電流の大きさと電磁石の強さを調べるには，㋐とどれを比べるとよいですか。
　　　　　　　　　　　　　　　　　　　　　　　　　　　(　　　　)

(3) ㋐〜㋓のうちで，いちばん強い電磁石はどれですか。　　(　　　　)

(4) 電磁石を強くするには，どのようにすればよいですか。2つ書きましょう。
　　　　　(　　　　　　　　　　　　　　　　　　　　　　　)
　　　　　(　　　　　　　　　　　　　　　　　　　　　　　)

**3** **右の図は，電磁石の極について調べているところです。これについて，次の問題に答えましょう。** （１つ６点）

(1) 電磁石のＡとＢの部分は，何極ですか。

Ａ（　　　　　）
Ｂ（　　　　　）

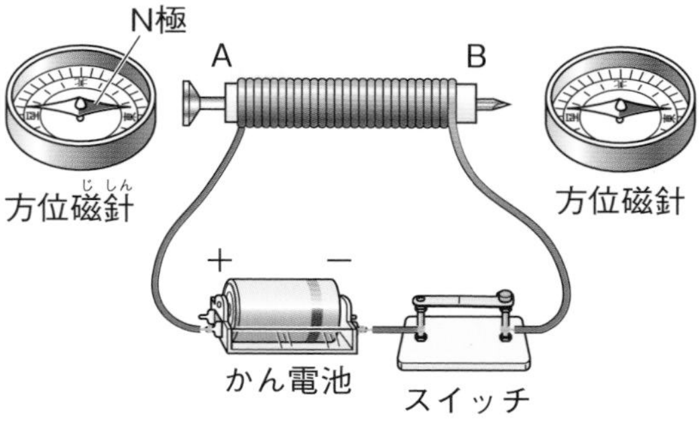


(2) この回路のスイッチを切りました。電磁石の極はどうなりますか。

（　　　　　　　　　　　）

(3) 電磁石のN極とS極を入れかえるには，どうするとよいですか。次の㋐～㋓から選びましょう。（　　）

㋐ かん電池を２個直列つなぎにし，電流を大きくする。

㋑ かん電池の＋と－を入れかえてつなぐ。

㋒ 鉄しんを取りのぞいて，コイルだけにする。

㋓ 導線のまき数を２倍に増やす。

**4** **電流計の使い方について，次の問題に答えましょう。** （１つ５点）

(1) 右の図で，かん電池の＋極側の導線は，電流計のＡ～Ｄのどのたんしにつなぎますか。（　　）

(2) 電流計を回路につなぐときは，へい列につなぎますか，直列につなぎますか。

（　　　　　　　　）

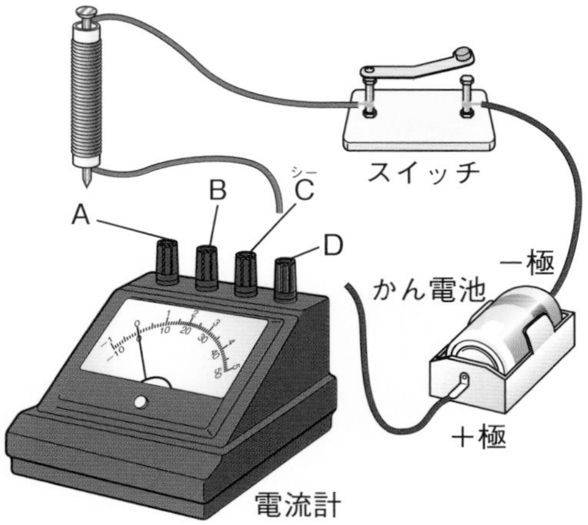


(3) 電流計の－たんしに導線をつなぎます。つなぎ方として正しいものを，次の㋐～㋒から選びましょう。（　　）

㋐ 最初は50mAの－たんしにつなぎ，はりのふれが小さいときは，500mA，５Ａと順につなぎかえる。

㋑ 最初は500mAの－たんしにつなぎ，はりのふれが小さければ50mAに，大きければ５Ａにつなぎかえる。

㋒ 最初は５Ａの－たんしにつなぎ，はりのふれが小さいときは，500mA，50mAと順につなぎかえる。

# 電気を解明した人びと

## 科学史上，もっとも危険な実験とは？

　1752年，アメリカのベンジャミン・フランクリンは，下の図のように息子といっしょに雷雨のさなかにたこを上げ，実は雷は電気によるものだということを証明しました。

　たこが入道雲の中に入ったとたん，たこ糸のはしに結びつけた金属のかぎから，フランクリンの指先に向かって火花が飛んだのです。このことから，フランクリンは，雷を起こす入道雲が電気をおびていることに気づきました。

　この実験は，雷に打たれて感電するおそれがあるにもかかわらずに行われたため，科学史上もっとも危険な実験といわれています。

この単元では，電磁石のはたらき，電磁石の強さ，電磁石の極などについて学習しました。ここでは電気の研究をした人びとについて調べていきます。

## 授業中の大発見

1807年，デンマークのハンス・クリスチャン・エルステッドは，電気がはり金を流れると，はり金はNとSの極をもった一種の磁石になってしまうだろうと考えました。

エルステッドは，方位磁針と十文字にまじわるように，はり金を置いてみました。もし，はり金が磁石になっていれば，ふつうのぼう磁石を使った場合と同じように，方位磁針は90度回転して，はり金と同じ方向にならぶはずですが，このときは何の変化も起こりませんでした。

1820年に，エルステッドがコペンハーゲンの大学で授業をしていたとき，はり金を方位磁針と平行に置いて電流を流してみると，まるでまほうにかかったように方位磁針がゆれ出し，90度回転してはり金と十文字にまじわる形になったのです。

この発見によって電気と磁界（磁石の力がはたらいているところ）との関係がわかったのです。右上のメダルはそのときの授業のようすを表したもので，今でもすぐれた先生に対しておくられているそうです。

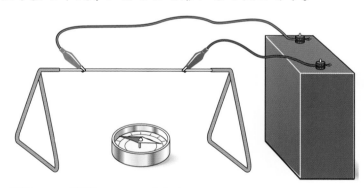

### 自由研究のヒント

電磁石を利用したものに，モーターがあります。モーターが回る力は，いろいろな電気器具に使用されていますが，それらの電気器具のどこの部分に使用されているかを調べてみましょう。また，どうしてモーターが回るのかも調べてみましょう。

得点

/100点

# 59 5年生のまとめ①

**1** 右の図のように，インゲンマメを3つの方法で育てました。これについて，次の問題に答えましょう。 （1つ6点）

㋐
日光
肥料を入れた水
・日光に当てる。
・肥料を入れた水をあたえる。

㋑
日光
水だけ
・日光に当てる。
・水だけをあたえる。

㋒
日光
箱
肥料を入れた水
・日光に当てない。
・肥料を入れた水をあたえる。

(1) ㋐と㋑を比べると，植物の成長と何との関係を調べることができますか。
（　　　　　　）

(2) ㋐と㋒を比べると，植物の成長と何との関係を調べることができますか。（　　　　　　）

(3) この実験で，もっともよく育つインゲンマメは，㋐～㋒のどれですか。（　　　）

(4) この実験から，植物がよく育つためには，水のほかに何が必要だとわかりますか。2つ書きましょう。（　　　　　　）（　　　　　　）

**2** 下の図は，ある3日間の気象衛星の雲画像ですが，日付の順にならんでいません。これについて，次の問題に答えましょう。 （1つ6点）

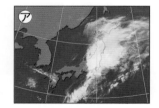
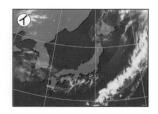

㋐　　　㋑　　　㋒

(1) 上の雲画像を，日付の順にならべるとどうなりますか。㋐～㋒を書きましょう。
（　　　→　　　→　　　）

(2) 右のアメダスの雨量情報と各地の天気は，それぞれ上の㋐～㋒のどの日のものですか。

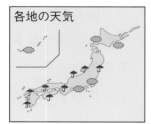

アメダスの雨量情報
弱　強

各地の天気

アメダスの雨量情報（　　　）

各地の天気（　　　）

## 3

右の図のように，導線をまいて電磁石をつくりました。この電磁石を強くするにはどうすればよいですか。次の㋐～㋕から２つ選びましょう。

（１つ６点）

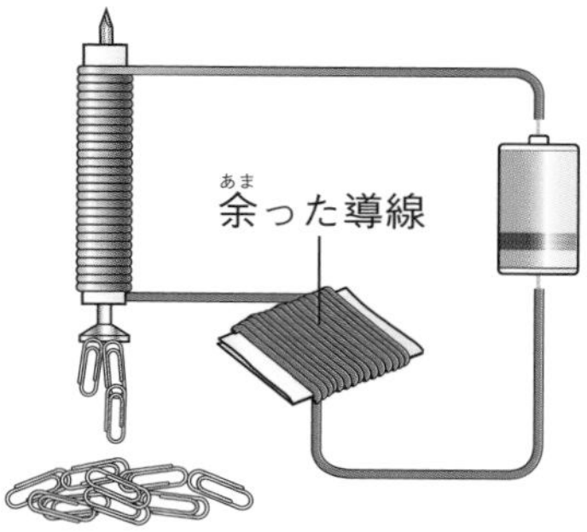


（　　　）（　　　）

㋐　かん電池の向きを反対にする。
㋑　かん電池を増やして直列につなぐ。
㋒　かん電池を増やしてへい列につなぐ。
㋓　導線のまき数を増やす。
㋔　導線のまき数を減らす。
㋕　コイルの中の鉄くぎを木のぼうに変える。

## 4

メダカについて，次の問題に答えましょう。

（１つ10点）

(1)　図１の㋐，㋑のうち，メダカのめすはどちらですか。（　　　）

図1

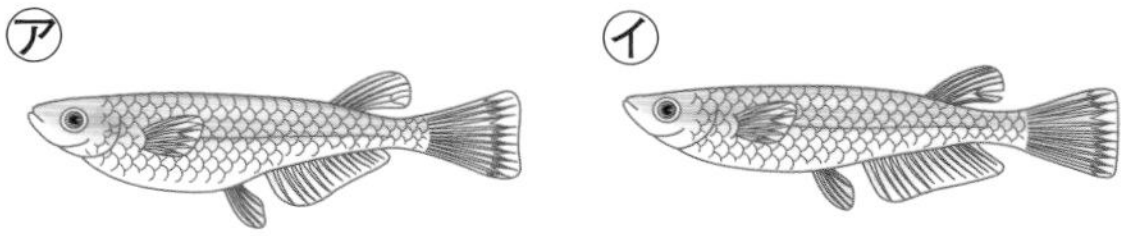


(2)　図２は，メダカのたまごが育つようすを表したものです。育つ順に㋐～㋔を書きましょう。

図2

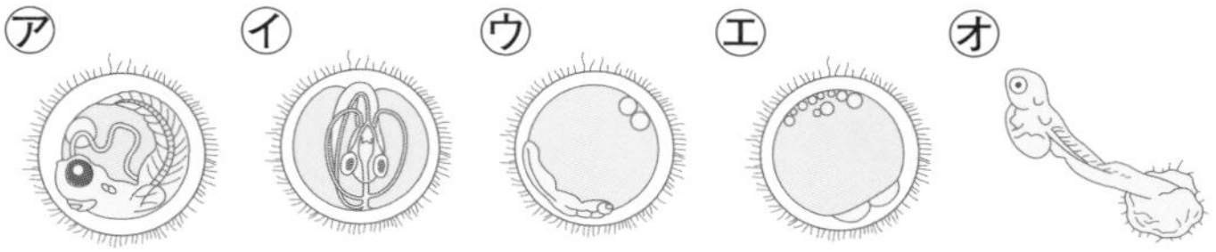


（　　　→　　　→　　　→　　　→　　　）

## 5

人のたんじょうについて，次の問題に答えましょう。

（１つ10点）

(1)　女性の卵（卵子）と男性の精子が結びつくことを何といいますか。

（　　　　　　　　　　）

(2)　右の図は，母親の体内で子どもが育つようすを表したものです。育つ順に㋐～㋔を書きましょう。

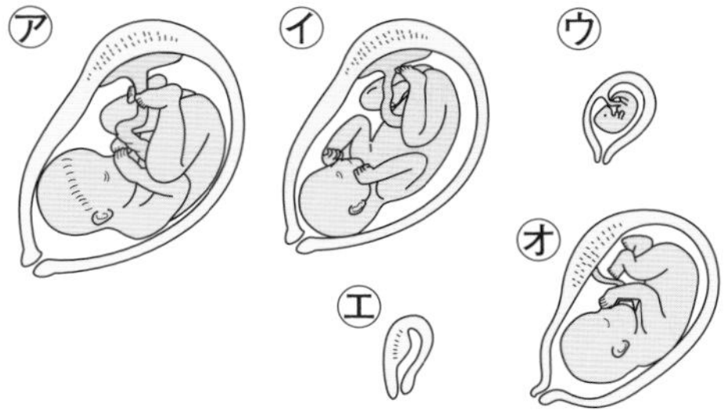


（　　　→　　　→　　　→　　　→　　　）

# 60 5年生のまとめ②

**1** 右の図は，川が曲がって流れているところのようすを表したものです。これについて，次の問題に答えましょう。

（1つ15点）

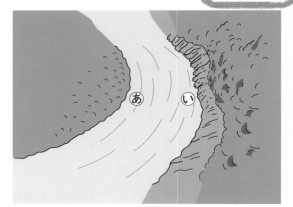

(1) 図の あ と い のところの流れの速さはどうなっていますか。次の ㋐〜㋒ から選びましょう。（　　　）

㋐　あ のところのほうが，い のところよりも速い。

㋑　い のところのほうが，あ のところよりも速い。

㋒　あ のところも，い のところも，速さは同じ。

(2) この場所の川の断面はどうなっていますか。右の ㋐，㋑ から選びましょう。（　　　）

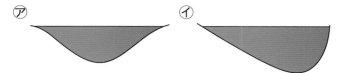

(3) 大雨がふり続いて川の水が増えると，この場所のようすはどうなりますか。次の ㋐〜㋓ から選びましょう。（　　　）

㋐　流れる水のたい積のはたらきが大きくなるので，あ の側の川原が広がる。

㋑　流れる水のたい積のはたらきが大きくなるので，い の側にも川原ができる。

㋒　流れる水のしん食や運ぱんのはたらきが大きくなるので，い の側のがけがさらにけずられる。

㋓　流れる水の量が増えても，川のようすは変わらない。

**2** 右の図のように，ツルレイシのめばなのつぼみにふくろをかけ，花が開いてもそのままにしておきました。これについて，次の問題に答えましょう。（1つ10点）

(1) この花は，しぼんだ後，実になりますか，なりませんか。（　　　　　　　　）

(2) (1)のようになるのは，どうしてですか。

（　　　　　　　　　　　　）

## 3

図１は，50mLの水にとける食塩の量と水の温度との関係を表したグラフです。30 ℃ の水50mLに30gの食塩を入れてよくかき混(ま)ぜると，とけ残りがありました。この液(えき)を図２のようにしたところ，できた液にはとけ残りはありませんでした。これについて，次の問題に答えましょう。　（１つ10点）

図１

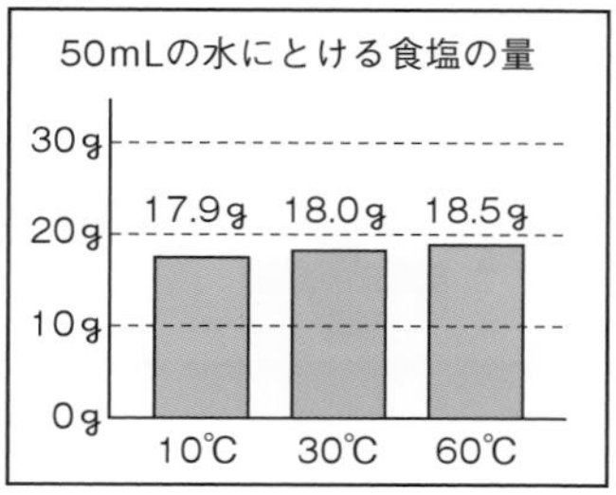


図２

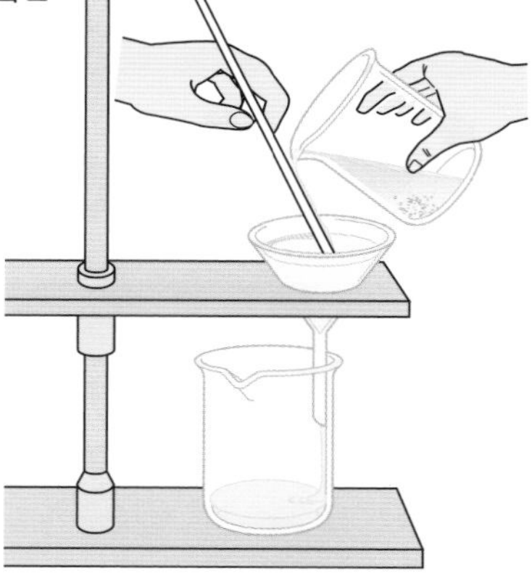

(1)　液の中にとけ残っていた食塩をすべてとかすには，どうすればよいですか。次の㋐～㋒から選びましょう。　（　　）

㋐　液の温度を60℃まであたためる。　㋑　液の温度を10℃まで冷やす。

㋒　30℃の水を50mL加える。

(2)　図２のようにしてできた液にとけている食塩をとり出すには，どうすればよいですか。次の㋐～㋒から選びましょう。　（　　）

㋐　ビーカーごと氷水に入れて冷やす。　㋑　30℃の水を50mL加える。

㋒　少量とって熱し，水をじょう発させる。

## 4

右の表は，ふりこ①～④のふりこの長さ，ふれはば，おもりの重さをまとめたものです。これについて，次の問題に答えましょう。　（１つ５点）

| | ふりこの長さ | ふれはば | おもりの重さ |
|---|---|---|---|
| ふりこ① | 15cm | 40° | 15g |
| ふりこ② | 25cm | 20° | 20g |
| ふりこ③ | 25cm | 40° | 25g |
| ふりこ④ | 30cm | 60° | 20g |

(1)　ふりこ①～ふりこ④のうち，１往(おう)復(ふく)する時間がもっとも短いのはどれですか。　（　　）

(2)　ふりこ①～ふりこ④のうち，１往復する時間が同じなのはどれとどれですか。

（　　と　　）

(3)　ふりこが１往復する時間は，ふりこの何によってきまりますか。

（　　）

# 基礎力をつけるには くもんの小学ドリルが強いみかた!!

スモールステップで、らくらく力がついていく!!

## 算数

**計算シリーズ**(全13巻)
- ① 1年生たしざん
- ② 1年生ひきざん
- ③ 2年生たし算
- ④ 2年生ひき算
- ⑤ 2年生かけ算(九九)
- ⑥ 3年生たし算・ひき算
- ⑦ 3年生かけ算
- ⑧ 3年生わり算
- ⑨ 4年生わり算
- ⑩ 4年生分数・小数
- ⑪ 5年生分数
- ⑫ 5年生小数
- ⑬ 6年生分数

**数・量・図形シリーズ**(学年別全6巻)

**文章題シリーズ**(学年別全6巻)

## 学力チェックテスト

**算数**(学年別全6巻)

**国語**(学年別全6巻)

**英語**(5年生・6年生 全2巻)

## 国語

**1年生ひらがな**

**1年生カタカナ**

**漢字シリーズ**(学年別全6巻)

**言葉と文のきまりシリーズ**(学年別全6巻)

**文章の読解シリーズ**(学年別全6巻)

**書き方(書写)シリーズ**(全4巻)
- ① 1年生ひらがな・カタカナのかきかた
- ② 1年生かん字のかきかた
- ③ 2年生かん字の書き方
- ④ 3年生漢字の書き方

## 英語

**3・4年生はじめてのアルファベット** ローマ字学習つき

**3・4年生はじめてのあいさつと会話**

**5年生英語の文**

**6年生英語の文**



**くもんの理科集中学習　小学５年生 理科にぐーんと強くなる**

2020年２月　第１版第１刷発行
2023年４月　第１版第９刷発行

●印刷・製本　共同印刷株式会社
●カバーデザイン　辻中浩一+小池万友美(ウフ)
●カバーイラスト　亀山鶴子
●本文イラスト　楠美マユラ，藤立育弘
●本文デザイン　ワイワイデザイン・スタジオ
●編集協力　株式会社カルチャー・プロ

●発行人　志村直人
●発行所　株式会社くもん出版
〒141-8488 東京都品川区東五反田2-10-2
東五反田スクエア11F
電話　編集直通　03(6836)0317
営業直通　03(6836)0305
代表　03(6836)0301



© 2020 KUMON PUBLISHING CO.,Ltd　Printed in Japan



ISBN 978-4-7743-2891-1



落丁・乱丁はおとりかえいたします。
本書を無断で複写・複製・転載・翻訳することは、法律で認められた場合を除き禁じられています。
購入者以外の第三者による本書のいかなる電子複製も一切認められていませんのでご注意ください。



ＣＤ 57215
くもん出版ホームページアドレス　https://www.kumonshuppan.com/

※本書は『理科集中学習 小学５年生』を改題し，新しい内容を加えて編集しました。

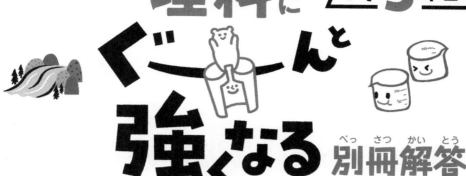

# 理科にぐーんと強くなる 小学5年生 別冊解答

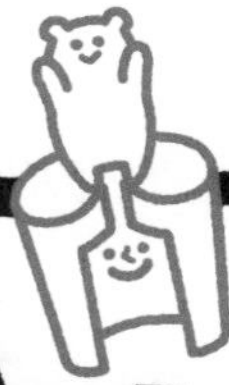

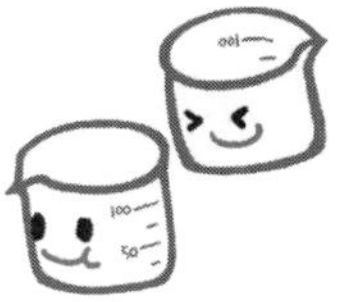

★答え合わせは，1つずつていねいにおこないましょう。

★「ポイント」は，問題をとくときの考え方や注意点などです。

★まちがえた問題の「ポイント」は，とくによく読んで，もう一度問題をといてみましょう。

## 1　3・4年生の復習問題① 　P4・5

[1](1)㋐，㋑，㋒，㋕，㋖

(2)㋑，㋒，㋕

(3)調べられます。

[2](1)子葉

(2)㋑くき　㋒葉　㋓根

[3](1)㋓

(2)㋒

(3)完全変態

(4)不完全変態

[4](1)3まい

(2)㋒

(3)㋒

**ポイント**

[1](2)　磁石につくのは鉄だけです。

[4](3)　光が集まるほど，あたたかくなります。

## 2　3・4年生の復習問題② 　P6・7

[1](1)高い季節

(2)低い季節

[2](1)半月

(2)夕方

(3)㋒

[3](1)㋐

(2)㋐

(3)㋓

(4)㋐…直列つなぎ　㋑…へい列つなぎ

[4](1)㋒

(2)㋐

[5](1)大きくなります。

(2)空気→水→金属

[6](1)㋐

(2)空気…同じです。　金属…ちがいます。

[7](1)㋐，㋑

(2)0℃

**ポイント**

[2]　半月は，午後に東の空に見え，夕方には南の空に見えます。真夜中には西にしずみます。

[3]　かん電池をへい列つなぎにしたときに流れる電流の大きさは，かん電池1個のときと同じ大きさです。

[6](2)　金属を熱すると，熱は熱せられたところから順に伝わっていきます。

## 3 種子が発芽する条件① P8·9

❶(1)芽
(2)水，空気，適当な温度（順序はちがってもよい。）

❷①ある　②ない　③しめらせた　④かわいた
⑤する　⑥しない　⑦する　⑧しない
⑨水　⑩空気

❸(1)㋐
(2)しめらせただっし綿です。
(3)㋒

**ポイント**

❸(3)　冷ぞう庫の中は暗いので，比べるための実験をするときは，同じように暗くします。

## 4 種子が発芽する条件② P10·11

❶(1)①しめらせただっし綿
②水　③㋐
(2)①空気にふれるようにした種子
②空気　③空気
(3)①室内に置いたもの　②適当な温度
③同じ　④できません。

❷(1)㋐と㋑
(2)㋑と㋒
(3)㋓と㋔

❸(1)明るさの条件を同じにするため。
(2)同じにします。

❹（土や空気の）温度が低かったから。

**ポイント**

❹　冬は発芽するのに適当な温度よりも低いので，水をやっても発芽しません。

## 5 植物の発芽と養分① P12·13

❶①根・くき・葉になるところ
②でんぷんがふくまれているところ

❷①あります。　②ありません。
③あります。　④ありません。

❸(1)でんぷん
(2)発芽する

❹(1)青むらさき
(2)でんぷん
(3)ある
(4)ない

**ポイント**

❷　でんぷんがあると，ヨウ素液をつけたときに青むらさき色になります。青むらさき色にならなければ，でんぷんがないことがわかります。

## 6 植物の発芽と養分② P14·15

❶(1)㋐
(2)㋑
(3)子葉
(4)でんぷん

❷(1)㋑
(2)㋑

❸(1)でんぷん
(2)青むらさき色
(3)発芽する前のインゲンマメ
…(2)の色になる。
発芽してしばらくたったころのインゲンマメ…変わらない。
発芽する前のトウモロコシ
…(2)の色になる。
発芽してしばらくたったころのトウモロコシ…変わらない。
(4)㋑
(5)発芽するための養分として使われたから。
(6)いりません。

**ポイント**

❸　インゲンマメやトウモロコシは，種子の中にあった養分を使って発芽し，発芽してしばらくはその養分で育ちます。

## 7 植物の成長と日光・養分①　P16・17

❶(1)当てたもの

(2)あたえたもの

❷①こい緑色　②多い。

③少ない。　④よくのび, しっかりしている。

⑤細くて, ひょろひょろとのびている。

⑥日光

❸①こい緑色　②多い。

③少ない。　④よくのび, しっかりしている。

⑤あまりのびていない。

⑥肥料（ひりょう）

ポイント

❶　植物は, 日光を当て, 肥料をあたえたもののほうがよく育ちます。

## 8 植物の成長と日光・養分②　P18・19

❶(1)日光

(2)イ

(3)日光が当たらなかったから。

❷(1)肥料

(2)イ

(3)肥料をあたえなかったから。

❸①ア　②イ　③ウ　④ウ　⑤エ　⑥ア

❹(1)アとウ

(2)アとイ

(3)ア

(4)ウ

(5)イ

ポイント

❶(3)　アとイの条件（じょうけん）を比（くら）べると, 日光に当たっているかどうかだけがちがっています。

## 9 単元のまとめ　P20・21

❶(1)水

(2)空気

(3)適当（てきとう）な温度

(4)イ, オ

❷(1)発芽（はつが）する前の種子…なります。

Ⓐ…なりません。

(2)イ

❸(1)ウ

(2)ウ

(3)肥料, 日光

❹(1)イ

(2)でんぷん

(3)エ

(4)種子の中のでんぷんが, 発芽するための養分として使われたから。

## 10 メダカの飼（か）い方①　P24・25

❶①めす　②おす

❷(1)イ　(2)ア　(3)イ　(4)イ　(5)イ　(6)ア

❸①せびれに切れこみがない。

②せびれに切れこみがある。

③はらがふくれている。

④しりびれの後ろが短い。

⑤しりびれが平行四辺形に近い。

ポイント

❶　メダカのめすとおすは, せびれの形, しりびれの形, はらがふくれているかどうかなどで見分けます。

## 11 メダカの飼い方② P26·27

**1** (1)せびれ…㋐　しりびれ…㋑
(2)おす
(3)おす
(4)めす
(5)めす

**2** (1)当たらない
(2)よくあらった小石
(3)水草
(4)くみ置き
(5)同じ数
(6)食べ残しが出ない
(7)水草

**3** (1)㋐…せびれ　㋑…しりびれ
(2)①めす…切れこみがない。
おす…切れこみがある。
②めす…後ろが短い。
おす…平行四辺形に近い。
③めす…ふくれている。

**4** (1)水そうは，日光が直接当たらない，明るい場所に置く。
(2)○
(3)○
(4)くみ置きの水を入れる。
(5)えさは食べ残しが出ないくらいにあたえる。
(6)たまごを見つけたら，水草につけたまま，別の入れ物に移す。

**ポイント**

**2** (1)　水そうを日光が直接当たる場所に置くと，水の温度が高くなってしまうことがあります。

## 12 メダカのたんじょう① P28·29

**1** ①レンズ　②ステージ　③反しゃ鏡
④調節ねじ

**2** (1)①たまご　②精子　③受精
(2)受精卵
(3)成長を始める

**3** ㋔→㋓→㋐→㋑→㋒

**4** (1)たまごの中にたくわえられた養分で
(2)はらのふくろの中にある養分で

**ポイント**

**2**　めすが産んだたまごが，おすが出した精子と結びつくことを受精といいます。たまごは受精しないと育ちません。

## 13 メダカのたんじょう② P30·31

**1** ❶㋐　❷㋓　❸㋙　❹①㋖　②㋔　❺㋘

**2** (1)①
(2)④
(3)はらのふくろの中にある養分で

**3** (1)㋓
(2)㋑
(3)㋒
(4)㋔
(5)㋐

**4** ①㋔　②㋓　③㋐　④㋑　⑤㋒
⑥[う]　⑦[い]　⑧[あ]　⑨[お]　⑩[え]

**ポイント**

**1**　かいぼうけんび鏡を日光が直接当たるところに置いて使うと，日光がレンズを通して目に入り，目をいためることがあります。

## 14 人のたんじょう① P32·33

**1** ①たいばん　②へそのお　③羊水　④子宮

**2** (1)受精
(2)受精卵
(3)①子宮　②38週間　③50cm　④3kg
(4)羊水

**3** ㋓→㋑→㋒→㋐→㋔

**4** (1)養分
(2)へそのお
(3)たいばん

**ポイント**

**2**　母親の体内で育った子どもは，生まれるときには，体重は3kg，身長は50cmほどに成長しています。

**1** ①たいばん　②へそのお　③子宮 (しきゅう)

**2** (1)①卵 (卵子) (らんらんし)　②精子 (せいし)
　(2)受精 (じゅせい)
　(3)子宮
　(4)羊水 (ようすい)
　(5)養分

**3** ①イ　②オ　③ア　④ウ　⑤エ

**4** (1)受精
　(2)子宮
　(3)たいばん
　(4)母親
　(5)羊水

**5** ①ウ　②イ　③エ　④ア　⑤オ
　⑥コ　⑦ク　⑧キ　⑨カ　⑩ケ
　⑪ソ　⑫セ　⑬ス　⑭シ　⑮サ

ポイント

**4**(2)　人の受精卵は，母親のからだの中にある
　子宮で育ちます。

**1** (1)ア
　(2)受精卵
　(3)イ

**2** (1)ア
　(2)ウ
　(3)ウ

**3** (1)ア
　(2)受精
　(3)エ→ウ→イ→オ→ア

**4** (1)イ
　(2)イ

ポイント

**4**(2)　たまごからかえったばかりのメダカのは
　らには，養分が入ったふくろがついていま
　す。

**1** ①花びら　②おしべ　③めしべ　④がく

**2** ①めばな　②おばな　③花びら　④がく
　⑤めしべ　⑥花びら　⑦がく　⑧おしべ

**3** (1)おしべ，めしべ (順序はちがってもよい。)
　(2)おばな
　(3)ねばねば
　(4)①ふくろ　②花粉 (かふん)
　(5)なる
　(6)ならない

**4** (1)おしべ (の先のふくろ)
　(2)①アサガオ　②ヘチマ

ポイント

**3**(2)　ヘチマやツルレイシ，カボチャなどはお
　ばなとめばなの区別がありますが，アサガ
　オ，アブラナ，オクラ，ユリなどは，おば
　なとめばなの区別はなく，１つの花にめし
　べとおしべの両方があります。

**1** (1)おしべ
　(2)めしべ
　(3)めしべ

**2** (1)おばな
　(2)めばな
　(3)めばな
　(4)おばな

**3** (1)ユリ，アサガオ，アブラナ，オクラ
　(2)ヘチマ，カボチャ，ツルレイシ

**4** (1)アサガオ…ウ　ヘチマ…カ
　(2)めしべ
　(3)シ
　(4)アサガオ…イ　ヘチマ…ケ
　(5)おしべ

**5** (1)丸く，ねばねばしている。
　(2)花粉が出てくるふくろがある。
　(3)ア

**ポイント**

❺(1)(2)　めしべの先はねばねばしていて，花粉がつきやすくなっています。おしべの先はふくろになっていて，花粉が入っています。

## 19 花粉のはたらき①　P44・45

❶(1)受粉
(2)できない
(3)①種子　②生命
(4)つぼみのうちに

❷(1)①受粉させています。
②受粉させていません。
(2)①

❸(1)×
(2)○
(3)○
(4)×

**ポイント**

❶(4)　花が開いてからだと，ふくろをかける前に，めしべに花粉がついてしまうかもしれません。

❸　ふくろをかけると温度や光の条件が変わってしまうので，かたほうだけにふくろをかけたのでは，実にならなかった理由を正しく調べることができません。

## 20 花粉のはたらき②　P46・47

❶(1)花粉
(2)㋑，㋓
(3)㋑
(4)種子
(5)㋒

❷(1)受粉
(2)㋓
(3)㋐
(4)①花粉をつけた花　②㋓

**ポイント**

❷(3)　アサガオの花にはめばなとおばなの区別がなく，1つの花にめしべとおしべの両方があるので，めしべに花粉がつかないようにするために，おしべをとり去って，ふくろをかけておきます。

## 21 けんび鏡の使い方①　P48・49

❶①接眼レンズ　②つつ　③対物レンズ
④ステージ　⑤反しゃ鏡

❷①低い　②接眼レンズ　③反しゃ鏡
④ステージ　⑤調節ねじ　⑥対物レンズ
⑦せまく　⑧接眼レンズ　⑨調節ねじ
⑩広げ

❸(1)直接当たらない
(2)接眼レンズの倍率，対物レンズの倍率（順序はちがってもよい。）
(3)①大きく　②せまく

**ポイント**

❷　接眼レンズをのぞいたまま対物レンズをスライドガラスに近づけると，対物レンズの先でスライドガラスをわってしまうことがあります。

## 22 けんび鏡の使い方②　P50・51

❶①接眼レンズ　②反しゃ鏡
③ステージ（のせ台）
④調節ねじ　⑤対物レンズ
⑥接眼レンズ
⑦調節ねじ　⑧対物レンズ

❷(1)200倍
(2)上げます。
(3)せまくなります。

❸(1)低い倍率にします。
(2)反しゃ鏡
(3)㋒
(4)㋓
(5)㋐

**ポイント**

❸(5)　けんび鏡では，倍率を高くすると，見えるはんいはせまくなり，明るさは暗くなります。

## 23 単元のまとめ P52・53

[1](1)①おしべ　②めしべ　③めしべ
(2)花粉（かふん）
(3)おしべだけある花…おばな
めしべだけある花…めばな

[2](1)㋒
(2)㋒
(3)Ⓐ

[3](1)㋓
(2)受粉（じゅふん）
(3)㋐
(4)㋑

**ポイント**

[2][3]　めしべの先に花粉がつかないと，実はできません。

## 24 天気の変化のきまり① P56・57

[1]①気象衛星（きしょうえいせい）の雲画像（がぞう）
②アメダスの雨量情報（じょうほう）
③各地の天気

[2](1)①雲　②白い　③西　④東
(2)雨
(3)天気

[3](1)①西　②東
(2)西

[4](1)気象衛星の雲画像
(2)アメダスの雨量情報

**ポイント**

[2]　気象衛星の雲画像で白く写っているのが雲です。また，気象衛星の雲画像やアメダスの雨量情報，各地の天気を表す地図では，向かって左が西，右が東になっています。

## 25 天気の変化のきまり② P58・59

[1](1)㋒
(2)㋖

[2](1)くもりや雨
(2)①㋑　②㋐

[3](1)㋐→㋓→㋒→㋑
(2)㋕→㋘→㋖→㋗
(3)㋚→㋜→㋝→㋛

[4](1)雨
(2)晴れ
(3)晴れ

**ポイント**

[2](1)　雲画像では，日本全体に雲がかかっているので，全国的にくもりや雨の天気だと考えられます。
(2)　①の場所は大きな雲のかたまりの西のはしの方にあるので，ふり続いていた雨がやみ，これから晴れてくると考えられます。②の場所は大きな雲のかたまりの真ん中にあるので，まだしばらく雨がふり続くと考えられます。

## 26 天気の変化と雲① P60・61

[1]①空全体　②雲

[2]①晴れ　②晴れ　③くもり

[3](1)①積（せき）らん雲（うん），らんそう雲（うん）
②けん雲（うん），積雲（せきうん）
(2)①形　②量　③天気（①と②の順序（じゅんじょ）はちがってもよい。）

**ポイント**

[1][2]　天気が晴れかくもりかは，空全体の雲の量で決めます。雲があっても，空全体を10として雲の量が8までならば，天気は晴れです。

[3](1)　雲には，雨をふらせる雲と，雨をふらせない雲とがあります。積らん雲（入道雲・かみなり雲）やらんそう雲（雨雲）は雨をふらせますが，けん雲（すじ雲）や積雲（わた雲）は雨をふらせません。

## 27 天気の変化と雲② P62・63

[1](1)㋓

(2)㋐ふらせません。 ㋑ふらせません。

㋒ふらせます。 ㋓ふらせます。

[2](1)㋓

(2)㋑

[3](1)くもり

(2)㋑

(3)㋑

[4](1)らんそう雲（雨雲）

(2)㋐

**ポイント**

[1](1) らんそう雲は，空の低いところに広がり，雨雲ともよばれる雲です。

(2) ㋐は積雲，㋑はけん雲，㋒は積らん雲，㋓はらんそう雲です。積雲とけん雲は雨をふらせませんが，積らん雲とらんそう雲は雨をふらせます。

## 28 台風と天気の変化① P64・65

[1]㋑

[2](1)①多 ②強

(2)①強風 ②大雨（①と②の順序はちがってもよい。）

[3](1)①夏から秋 ②上陸

(2)南

(3)①西 ②東 ③北（②と③の順序はちがってもよい。）

[4](1)高波，木などがたおれる（順序はちがってもよい。）

(2)こう水，どしゃくずれ（順序はちがってもよい。）

## 29 台風と天気の変化② P66・67

[1](1)㋐→㋓→㋑→㋒

(2)㋘→㋗→㋕→㋖

(3)㋑

[2]㋐

[3](1)①㋐ ②㋑

(2)④

(3)㋑

(4)夏から秋にかけてです。

[4](1)高波…強風 どしゃくずれ…大雨

(2)㋒

**ポイント**

[3](2) 日本付近にある台風は北や東のほうへ動くので，台風はこれから③の場所のほうへ動いていくと考えられます。

## 30 単元のまとめ P68・69

[1](1)雲

(2)㋓

(3)㋐

(4)㋐

(5)㋐

[2](1)㋐

(2)㋑

(3)㋐

(4)㋑

[3](1)㋑

(2)㋓

(3)㋐

(4)㋒

## 31 水の流れの変化とはたらき① P70・71

[1](1)けずる

(2)運ぶ

(3)積もらせる

[2]①しん食 ②運ぱん（①と②の順序はちがってもよい。）

③たい積

④しん食 ⑤運ぱん（④と⑤の順序はちがってもよい。）

⑥たい積

[3](1)速

(2)おそ

(3)①速 ②しん食 ③おそ ④たい積

❹(1)運ぱん
(2)たい積

ポイント

❷　水の流れが曲がっているところでは，外側では流れの速さが速くなり，内側ではおそくなります。

## 32 水の流れの変化とはたらき②　P72·73

❶(1)流れの速いところ
(2)流れの速いところ
(3)流れのおそいところ

❷(1)速くなります。
(2)大きくなる。
(3)大きくなる。
(4)小さくなる。

❸(1)外側
(2)内側
(3)しん食，運ぱん（順序はちがってもよい。）

❹(1)㋐
(2)㋐
(3)㋑

## 33 川の水のはたらき①　P74·75

❶①おそい　②川原　③速い　④深い

❷①おそい　②川原　③速い　④深い
⑤がけ

❸(1)速い
(2)中ほど
(3)速い
(4)深い
(5)①たい積　②川原　③しん食
④がけ

ポイント

❸　川の曲がっているところでは，川底の深さは，内側よりも外側のほうが深くなっています。

## 34 川の水のはたらき②　P76·77

❶(1)流れのおそいところ
(2)流れのおそいところ
(3)流れの速いところ
(4)流れのおそいところ

❷(1)まっすぐなところ
(2)まっすぐなところ
(3)曲がっているところ
(4)まっすぐなところ

❸(1)㋐
(2)㋐
(3)㋑

❹(1)しん食，運ぱん（順序はちがってもよい。）
(2)㋑，㋓
(3)がけ
(4)たい積
(5)川原

❺(1)②
(2)㋐
(3)流れがおそいので，たい積のはたらきが大きくなるから。

ポイント

❸　図のように，板の上に小石やすなをのせて川の流れに入れると，流れる水のはたらきで小石やすなが運ばれます。このとき，流れの速さが速いほど，たくさんの小石やすなが運ばれます。

## 35 流れる水と変化する土地①　P78·79

❶①上流　②下流

❷(1)①速い　②がけ　③角ばった
(2)①川原　②丸みをおびた
(3)流れる水のはたらき

❸①護岸ブロック　②川の分水路
③さ防ダム

ポイント

❶　①は川の両岸ががけになっているので，川の上流です。②は川の両岸に川原が広がっているので，川の下流です。

[3]　護岸(ごがん)ブロックは，川岸が川のしん食によってけずられるのを防(ふせ)ぎます。

川の水があふれないようにするためには，ダムをつくっていちどに水が下流まで流れないようにしたり，分水路をつくって水をほかに流したりします。

さ防(ぼう)ダムは，川の水によってけずられた石や土が，一度に下流へ流されるのを防ぎます。

## 36 流れる水と変化する土地② P80・81

[1](1)①下流　②下流　③上流
(2)㋑
[2](1)㋑
(2)㋐
(3)㋒
[3](1)しん食
(2)運ぱん
(3)たい積
[4]①速い　②ゆるやか　③がけ　④川原
⑤川原　⑥大きい　⑦小さい
⑧角ばっている　⑨丸みをおびている

## 37 単元のまとめ P82・83

[1](1)㋐
(2)㋑
(3)①速くなります。　②大きくなります。
[2](1)運ぱんのはたらき
(2)㋒
[3](1)図1
(2)㋐
(3)㋑
(4)しん食のはたらき
[4](1)㋐
(2)下流
(3)上流
(4)㋐

[ポイント]

[2](2)　川の流れの速さは，岸近くよりも川の中ほどのほうが速くなります。

## 38 水よう液(えき)① P86・87

[1](1)①均一(きんいつ)　②水にとける
(2)水よう液(えき)
(3)すき通って
[2](1)①水　②食塩
(2)55 g
[3](1)全体
(2)すき通った
(3)食塩水
(4)同じ
[4]①×　②○　③○　④×

[ポイント]

[4]　水よう液とは，水にものがとけて全体に均一に広がり，すき通った（とうめいになった）液のことです。液に色がついていても，すき通っていれば水よう液といえます。

## 39 水よう液(えき)② P88・89

[1](1)いえます。
(2)なくなっていません。
[2](1)①60 g　②見えません。
(2)①55 g　②見えません。
(3)①83 g　②見えません。
[3](1)㋑
(2)食塩…いえます。
　コーヒーシュガー…いえます。
(3)㋒
(4)①7　②5

[ポイント]

[1](2)　水にとかしたものが見えなくなっても，なくなってしまったわけではありません。

[3](1)　コーヒーシュガー（茶色いさとう）を水にとかすと，茶色い水よう液になります。

## 40 上皿てんびんの使い方①　P90·91

1 ①皿　②うで　③支点(してん)　④調節ねじ

2 ①左　②右　③軽い　④分銅(ふんどう)を加える

3 ①左　②右

4 22.4ｇ

**ポイント**

3　食塩をのせる皿に紙をしいているので，左の皿にも紙をしいてから，分銅をのせます。

## 41 上皿てんびんの使い方②　P92·93

1 (1)㋐

(2)つり合っています。

2 (1)分銅

(2)右の皿

(3)85ｇ

3 (1)×

(2)×

(3)○

4 ①115.7ｇ　②125.5ｇ　③115.3ｇ

④19.8ｇ

5 (1)左の皿

(2)㋑

(3)さらに，10ｇの分銅を加えます。

(4)㋐

**ポイント**

1 (2)　正面から見て，はりが左右に同じはばでふれているとき，上皿てんびんはつり合っています。

3 (2)　分銅を直接(ちょくせつ)手で持つと，さびて，正しい重さがはかれなくなってしまいます。

## 42 水にとけるものの量①　P94·95

1 (1)ある

(2)①増(ふ)やし　②高く

2 (1)ちがう

(2)ちがう

(3)17.9

3 (1)下

(2)スポイト

(3)①へこんだ　②真横

4 (1)増やす

(2)高くする

**ポイント**

3　メスシリンダーの目もりは，液面(えきめん)のへこんだ部分を真横から読みます。

4　水の量を増やしたり，水の温度を高くすると，水にとけるものの量が増えます。ただし，温度を高くしたときの水にとける量の増え方は，ものによってちがいがあります。

## 43 水にとけるものの量②　P96·97

1 (1)あります

(2)あります

(3)ありません

2 (1)増えます。

(2)食塩

(3)ミョウバン

(4)㋑

3 (1)40mL

(2)43mL

(3)47mL

4 (1)食塩…17.9ｇ　ミョウバン…3.8ｇ

(2)食塩

(3)㋒

(4)とけ残ります。

(5)水の量を増やします。

**ポイント**

1　グラフから，50mLの水にとかすことができるミョウバンの量は，水の温度が10℃のときは3.8ｇ，30℃のときは8.3ｇ，60℃のときは28.7ｇであることがわかります。この量よりも多くミョウバンを入れると，とけ残りになります。

## 44 とかしたものをとり出す① P98·99

1 ①ガラスぼう ②ろ紙 ③ろうと ④ろ液

2 (1)ろ紙

(2)ろうと

(3)ガラスぼう

(4)ろ液

(5)水にとけていなかったもの

3 (1)じょう発させる

(2)冷やす

(3)とけている

### ポイント

2 水にとけ残っているものを，ろ紙を使ってこし取ることをろ過といいます。水にとけているものは，ろ過してもこし取ることはできないので，ろ過した後のろ液にも，ものはとけています。

## 45 とかしたものをとり出す② P100·101

1 (1)ろ過

(2)イ

(3)ろ液

(4)とけています。

2 (1)食塩

(2)ミョウバン

3 (1)ア

(2)食塩の水よう液です。

4 (1)イ

(2)①

(3)水をじょう発させます。

### ポイント

4 (2) ろ過は，水にとけていないものをこし取る方法です。

## 46 単元のまとめ P102·103

1 (1)いえます。

(2)ウ

(3)55 g

2 (1)食塩

(2)ア

(3)イ

3 (1)ろうと

(2)ろ過

(3)ミョウバン

(4)とけています。

4 (1)ミョウバン

(2)ミョウバン

(3)図4

### ポイント

4 (3) 水の温度が変わっても，食塩が水にとける量はあまり変わらないので，食塩の水よう液を冷やしても，とけている食塩はほとんど出てきません。

## 47 ふりこの動き① P104·105

1 ①1往復 ②ふりこの長さ ③ふれはば

2 (1)ふりこの長さ

(2)ふれはば

(3)おもりの重さ

3 イ

### ポイント

3 ふりこが1往復する時間は，1回だけはかったのでは，正確にはかることができません。

12

## 48 ふりこの動き② P106・107

**1**(1)長いふりこ
(2)同じ
(3)同じ

**2**㋒

**3**(1)[16.5]＋[15.9]＋[15.6]＝[48.0]

[48.0]÷3＝[16.0]　[16.0]÷10＝[1.6]

1.6秒

(2)14.2＋14.7＋14.6＝43.5
43.5÷3＝14.5　14.5÷10＝1.45
1.5秒

(3)14.8＋15.1＋15.4＝45.3
45.3÷3＝15.1　15.1÷10＝1.51
1.5秒

**4**(1)㋒
(2)㋖

**ポイント**

**2**　ふりこは，ふりこの長さが長いほど，1往(おう)復(ふく)する時間が長くなります。

**4**(1)　㋐と㋑は，おもりの重さはちがいますが，ふりこの長さが同じなので，1往復する時間は同じです。

(2)　㋕と㋗は，ふれはばはちがいますが，ふりこの長さが同じなので，1往復する時間は同じです。

## 49 単元のまとめ P108・109

**1**(1)同じ
(2)長いふりこ
(3)同じ

**2**㋑

**3**(1)同じ
(2)㋖
(3)㋚

**4**15.1＋14.6＋14.7＝44.4
44.4÷3＝14.8　14.8÷10＝1.48
1.5秒

**ポイント**

**1**　ふりこが1往復する時間は，ふりこの長さによって決まり，ふりこの長さが長いほど，1往復する時間も長くなります。

## 50 電磁石(でんじしゃく)のはたらき① P112・113

**1**①コイル　②電磁石(でんじしゃく)

**2**①鉄しん　②導線(どうせん)　③かん電池

**3**(1)引きつける
(2)ふれる
(3)磁石

**ポイント**

**3**(1)　電磁石は，ぼう磁石と同じで，鉄を引きつけます。

## 51 電磁石(でんじしゃく)のはたらき② P114・115

**1**(1)コイル
(2)㋑
(3)電磁石

**2**(1)B(ビー)
(2)電流
(3)㋒

**3**(1)㋑
(2)㋒
(3)㋒

**4**①×　②×　③○　④×　⑤×

**ポイント**

**2**　電磁石は，コイルに電流が流れているときだけ，磁石の性質(せいしつ)があります。

**3**(1)　電磁石が，方位磁針(じしん)のはりをふれさせるのは，ぼう磁石と同じように極があるからです。

## 52 電磁石の強さ①　P116・117

**1**同じ

**2**①直列　②大きく　③まき数

**3**①コイル　②多く　③数　④長さ

### ポイント

**3**　導線のまき数のちがいによる電磁石の強さを比べるとき，同じにしなければいけない条件は，電流の大きさと導線の長さです。まき数の少ないほうの余った導線は，たばねておきます。

## 53 電磁石の強さ②　P118・119

**1**(1)導線（コイル）のまき数を同じにします。

(2)B

(3)B

(4)B

(5)強くなります。

**2**かん電池2個のときよりも強くなる。

**3**(1)AとBの，導線の長さを同じにするため。

(2)B

(3)B

(4)強くなります。

**4**・コイルに流れる電流の大きさを変える。

・導線（コイル）のまき数を変える。

（順序はちがってもよい。）

**5**エ

### ポイント

**3**(3)(4)　50回まきの電磁石よりも100回まきのほうが強くなります。つまり，導線のまき数が多いほど，電磁石は強くなります。

**4**　電磁石とぼう磁石の大きなちがいの1つに，電磁石は，磁石の強さを変えることができるということがあります。

## 54 電磁石の極①　P120・121

**1**N

**2**①S　②N　③反発し合う　④同じ

⑤異なる

**3**①N　②S　③向き　④N極とS極

### ポイント

**1**　電磁石にも，N極とS極があります。

**3**　電磁石のN極とS極は，電流の向きを変えることによって，変えることができます。

## 55 電磁石の極②　P122・123

**1**(1)B…S極　C…N極

(2)エ

(3)A…ウ　D…ウ

**2**ウ

**3**(1)ア…S極　ウ…N極

(2)ア…N極　ウ…S極

(3)N極とS極が入れかわります。

**4**(1)ウ

(2)反発し合います。

### ポイント

**1**(1)　Aの方位磁針はN極が引きつけられているので，電磁石のBはS極です。電磁石のもう一方のはしCはN極になります。

(3)　かん電池の向きを変えると，コイルに流れている電流の向きが変わります。

## 56 電流計の使い方①　P124・125

**1**(1)電流計

(2)直列

**2**①－たんし　②＋たんし

**3**(1)回路

(2)＋たんし

(3)①5A　②500mA　③－たんし

**4**(1)3

(2)200

### ポイント

**2**　電流計にある4つのたんしのうち，3つが－たんしで，＋たんしは1つだけです。

**3**(3)　はかる電流のおおよその大きさがわからない場合は，最初に5Aの－たんしにつなぎ，はりのふれが小さいときは，500mAの－たんしにつなぎかえます。それでもはりのふれが小さい場合は，50mAの－たんしにつなぎかえます。

## 57 電流計の使い方② P126・127

[1](1)①250mA(ミリアンペア)　②1.5A(アンペア)

(2)㋐

(3)5A

(4)㋒

[2](1)かん電池と直列につなぎます。

(2)㋐50mAの－(マイナス)たんし

㋑500mAの－たんし

㋒5Aの－たんし

㋓＋(プラス)たんし

(3)㋓

(4)5Aの－たんしにつないだ導線(どうせん)を，500mAの－たんしにつなぎかえます。

[3](1)＋極側

(2)㋐

(3)㋐

**ポイント**

[1](3)　最初に50mAの－たんしにつないで，大きい電流が流れた場合，電流計がこわれることもあるからです。

## 58 単元のまとめ P128・129

[1]①×　②○　③×　④○　⑤×　⑥○

[2](1)㋒

(2)㋑

(3)㋓

(4)・コイルに流れる電流の大きさを大きくする。

・導線（コイル）のまき数を多くする。

（順序(じゅんじょ)はちがってもよい。）

[3](1)A(エー)…S(エス)極　B(ビー)…N(エヌ)極

(2)極はできなくなります。

(3)㋑

[4](1)D(ディー)

(2)直列につなぎます。

(3)㋒

**ポイント**

[1]　電磁石(でんじしゃく)の性質(せいしつ)で，「電流を流したときだけ磁石になる」「電磁石の強さを変えることができる」「N極とS極を入れかえることができる」の３つは大切な性質です。

## 59 5年生のまとめ① P132・133

[1](1)肥料(ひりょう)

(2)日光

(3)㋐

(4)肥料，日光（順序はちがってもよい。）

[2](1)㋒→㋐→㋑

(2)アメダスの雨量情報(じょうほう)…㋑

各地の天気…㋒

[3]㋑，㋓

[4](1)㋐

(2)㋓→㋒→㋑→㋐→㋔

[5](1)受精(じゅせい)

(2)㋓→㋒→㋔→㋑→㋐

**ポイント**

[1]　日光に当たり，肥料もあたえられたインゲンマメが，もっともよく育ちます。

[2]　日本付近では，春や秋には雲は西から東へと動いていきます。雲が動くにつれて，雨がふる地いきも移(うつ)り変わっていきます。

[3]　かん電池２個(こ)を直列につなぐと，電流が大きくなります。また，導線のまき数を増(ふ)やすと，電磁石は強くなります。

[4](1)　せびれに切れこみがあり，しりびれが平行四辺形で，はらがふくらんでいないのはおすです。

[5]　卵(らん)（卵子(らんし)）は，受精すると成長を始めます。

**1**(1)イ

(2)イ

(3)ウ

**2**(1)なりません。

(2)受粉<sup>じゅふん</sup>しなかったから。（めしべの先に花粉<sup>かふん</sup>
   がつかなかったから。）

**3**(1)ウ

(2)ウ

**4**(1)ふりこ①

(2)ふりこ②とふりこ③

(3)ふりこの長さ

ポイント

**1**　川が曲がっているところを流れる水のはた
らきは，内側ではたい積のはたらきが大きく
なり，外側ではしん食や運ぱんのはたらきが
大きくなります。そのため，川底の深さも，
内側は浅く，外側は深くなります。

**2**　つぼみのうちからふくろをかけておくと，
受粉しないので実になりません。

**3**(2)　グラフを見ると，水の温度が変わって
も，食塩が水にとける量はあまり変わらな
いことがわかります。水の温度が変わって
も，とける量があまり変わらないものは，
液<sup>えき</sup>を冷やしても，ほとんどとり出すことは
できません。

**4**　ふりこの長さが短いものほど，ふりこが1
往復<sup>おうふく</sup>する時間は短くなります。

2304R9

16